LS 7/8 Kompakt

LAMBACHER SCHWEIZER

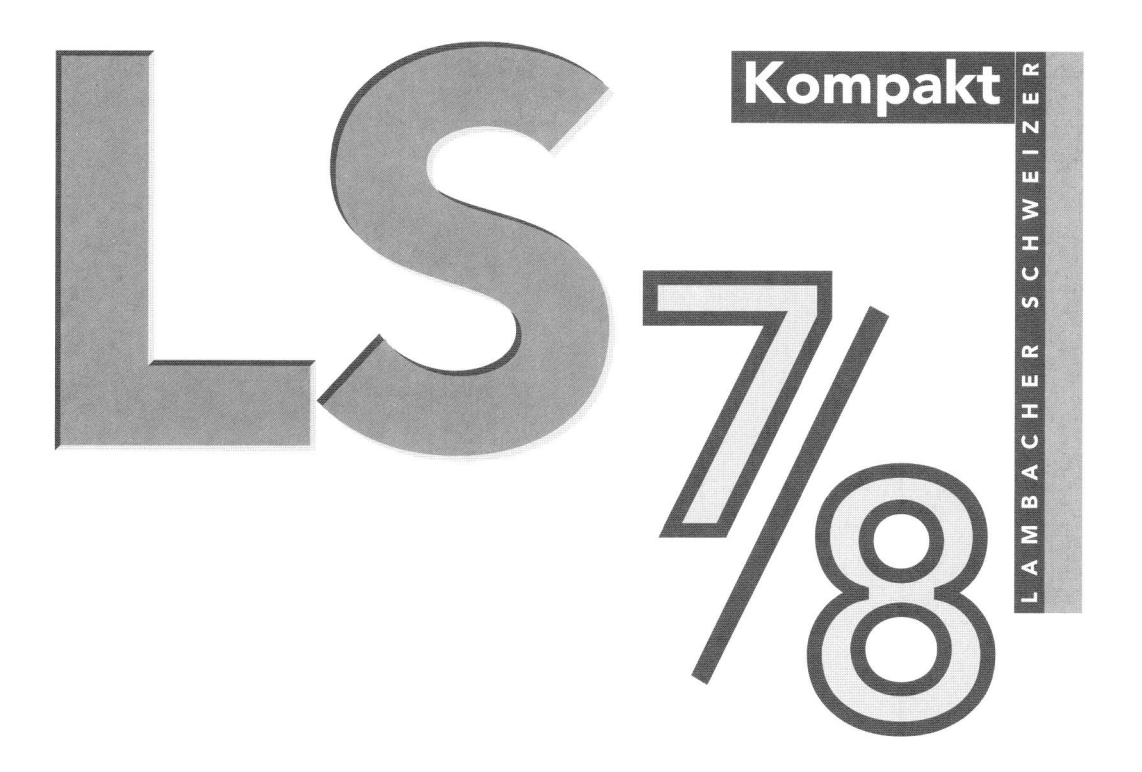

von
Hartmut Schermuly, Wuppertal

Ernst Klett Verlag
Stuttgart Düsseldorf Leipzig

An der Entstehung dieses Werkes waren beteiligt: Angelika Müller, Aachen; Dr. Wolfgang Riemer, Pulheim; Hartmut Schermuly, Wuppertal; Dr. Ingo Weidig, Landau; Dr. Peter Zimmermann, Speyer

Liebe Schülerin, lieber Schüler,

dieses Heft soll dir helfen, wichtige Dinge, die du im Mathematikunterricht der Klassen 7 und 8 gelernt hast, nachzuschlagen. So kannst du vergessene oder zu wiederholende Sachen schnell finden.
Im Lambacher-Schweizer Kompakt sind die wichtigsten Merksätze und Rechenregeln aufgeführt. Zu jedem Thema findest du neue Beispiele. Die Beispiele sind vollständig bearbeitet.
Die in *kursiv* gegebenen Hinweise helfen dir, den Lehrstoff schneller aufzufrischen oder typische Fehler zu vermeiden.
Am Ende des Buches findest du ein ausführliches Register.
Wenn du zum Beispiel nicht mehr weißt, was eine Tangente ist, gehe so vor:

1. Suche im alphabetisch geordneten Register das Wort Tangente.
2. Hinter dem Wort Tangente steht die Zahl 50. Dies ist die Seitenzahl auf der du dazu etwas findest.
3. Schlage diese Seite auf und lese nach. Sieh dir auch die Beispiele dazu an. Rechne nach.

Wir wünschen dir beim Arbeiten mit diesem Nachschlagewerk viel Spaß.

1. Auflage   € A 1   11 10 9 8 | 2008 2007 2006 2005

Alle Drucke dieser Auflage können im Unterricht nebeneinander benutzt werden; sie sind im Wesentlichen untereinander unverändert. Die letzte Zahl bezeichnet das Jahr dieses Druckes. Ab dem Druck 2000 ist diese Auflage auf die Währung EURO umgestellt.
© Ernst Klett Verlag GmbH, Stuttgart 1999.
Alle Rechte vorbehalten.
Internetadresse: http://www.klett-verlag.de

Zeichnungen: U. Bartl, Weil der Stadt; R. Hungreder, Leinfelden;
Bertron & Schwarz, W. Müller, Schwäbisch Gmünd
Umschlaggestaltung: Alfred Marzell, Schwäbisch Gmünd.
DTP-Satz: topset Computersatz, Nürtingen.
Repro: H&N Repro, Stuttgart.
Druck: SCHNITZER DRUCK GmbH, 71404 Korb. Printed in Germany.

ISBN 3-12-730735-7

Inhaltsverzeichnis

I Rationale Zahlen
1. Negative Zahlen 4
2. Anordnung und Betrag rationaler Zahlen 5
3. Addieren und Subtrahieren rationaler Zahlen 6
4. Multiplizieren und Dividieren rationaler Zahlen 7
5. Rechengesetze für rationale Zahlen 8

II Terme
1. Berechnen von Termen 9
2. Vereinfachen von Termen 10
3. Multiplizieren von Summen 12
4. Binomische Formeln, Zerlegung von Summen in Faktoren 13
5. Bruchterme 14
6. Rechnen mit Bruchtermen 15

III Funktionen
1. Funktionen 16
2. Proportionale und antiproportionale Funktionen 17
3. Lineare Funktionen 19

IV Dreisatz, Prozentrechnung, Zinsrechnung
1. Sachrechnen mit proportionalen und antiproportionalen Funktionen (Dreisatz) 21
2. Prozentbegriff – Berechnen des Prozentwertes 23
3. Berechnen des Grundwerte und des Prozentsatzes 24
4. Zinsrechnung 25

V Gleichungen
1. Äquivalenzumformungen von Gleichungen 26
2. Gleichungen mit Formvariablen und Ungleichungen 27
3. Bruchgleichungen 28
4. Bruchungleichungen 30

VI Lineare Gleichungssysteme
1. Gleichungen und Gleichungssysteme mit zwei Variablen 31
2. Gleichsetzungsverfahren und Einsetzungsverfahren 32
3. Das Additionsverfahren 33

VII Figuren und Winkel
1. Mittelsenkrechte und Winkelhalbierende 35
2. Mittelparallele 36
3. Scheitelwinkel und Nebenwinkel 37
4. Stufenwinkel und Wechselwinkel 38
5. Winkelsätze am Dreieck 39
6. Winkelsumme in Vielecken 40

VIII Geometrische Konstruktion und Kongruenz
1. Dreiecksungleichungen und Definition der Kongruenz 41
2. Die Kongruenzsätze sss und sws 42
3. Die Kongruenzsätze wsw bzw. sww und Ssw 43
4. Umkreis eines Dreiecks 44
5. Inkreis eines Dreiecks 45
6. Höhen und Seitenhalbierende im Dreieck 46
7. Achsensymmetrische Dreiecke 47
8. Symmetrische Vierecke 48

IX Figuren am Kreis
1. Kreis, Tangente und Satz des Thales 50
2. Umfangswinkel und Mittelpunktswinkel 51

X Flächeninhalte
1. Flächeninhalte von Parallelogrammen 52
2. Flächeninhalte von Dreiecken 53
3. Flächeninhalte von Trapezen 54

XI Wahrscheinlichkeitsrechnung
1. Zufallsexperimente und Wahrscheinlichkeit 55
2. Summenregel – Wahrscheinlichkeit von Ereignissen 56
3. Baumdiagramm und Pfadregel 57

Register 59

I Rationale Zahlen

1 Negative Zahlen

Um Subtraktionen immer ausführen zu können, erweitert man den **Zahlenstrahl** zur **Zahlengeraden**. Die neu hinzukommenden Zahlen nennt man **negative Zahlen**, die bisherigen (außer 0) **positive Zahlen**.

*Fügt man die 0 zu den positiven Zahlen hinzu, so spricht man von **nichtnegativen** Zahlen.*

Negative Zahlen schreibt man mit einem −; zur deutlicheren Unterscheidung von −3 und 3 kann man auch +3 schreiben. + und − nennt man **Vorzeichen** von +3 bzw. −3. Die Zahl 0 ist weder positiv noch negativ, sie wird daher stets ohne Vorzeichen geschrieben.

Die **Zahlengerade**:

```
  -5   -4   -3   -2   -1    0    1    2    3    4    5
    negative Zahlen              positive Zahlen
```

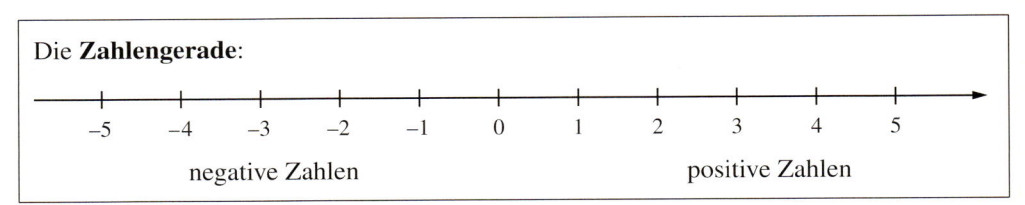

Auf der Zahlengeraden liegen z. B. −5 und 5 oder 2,1 und −2,1 symmetrisch bezüglich 0, also gleich weit von 0 entfernt. Man nennt daher −5 die **Gegenzahl** von 5 und 5 die Gegenzahl von −5. Entsprechend sind auch −2,1 und 2,1 Gegenzahlen voneinander.

Die Menge der ganzen Zahlen bezeichnet man mit $\mathbb{Z}$.
Die Menge der rationalen Zahlen bezeichnet man mit $\mathbb{Q}$.

Fügt man zu den natürlichen Zahlen 0; 1; 2; 3;... ihre Gegenzahlen hinzu, so erhält man die Menge der **ganzen Zahlen**, also die Zahlen ...; −3; −2; −1; 0; 1; 2; 3;...
Fügt man entsprechend zu den Bruchzahlen ihre Gegenzahlen hinzu, so erhält man die Menge der **rationalen Zahlen**.

Beispiel 1
Bestimme die Gegenzahlen von 5; 2; −3; −6; $\frac{2}{3}$; $-\frac{3}{4}$; 12,3; −3,75; 0.
Lösung:
−5; −2; 3; 6; $-\frac{2}{3}$; $\frac{3}{4}$; −12,3; 3,75; 0.

Beispiel 2
Zeichne eine Zahlengerade und trage ein: $3\frac{1}{2}$; $-3\frac{1}{2}$; 4,5; −4,5; −0,4; −1,6.
−4,5 ist die Gegenzahl von 4,5, also sind −4,5 und 4,5 gleich weit von 0 entfernt.
Lösung:

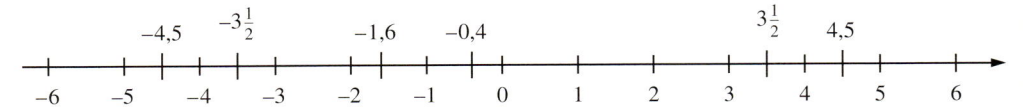

```
         -4,5  -3½        -1,6   -0,4                    3½    4,5
  -6    -5    -4    -3    -2    -1    0    1    2    3    4    5    6
```

Erweiterung des Achsenkreuzes
Entsprechend der Erweiterung des Zahlenstrahls zur Zahlengeraden kann man auch das Achsenkreuz erweitern.
Jedem Punkt entspricht jetzt ein Paar rationaler Zahlen:

    A (−3 | 2)
        ↑ ↑
1. Koordinate 2. Koordinate

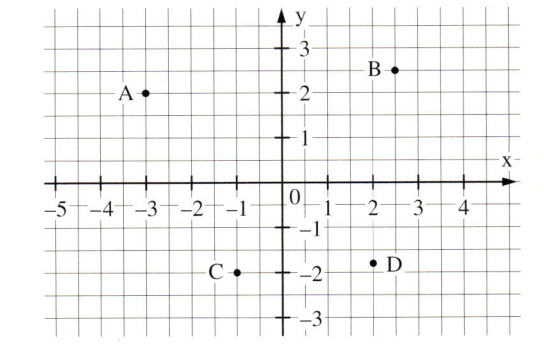

ratio (lat.): Berechnung. Die rationalen Zahlen lassen sich aus den natürlichen Zahlen durch Differenzen- und Quotientenbildung „berechnen".

Entsprechend ist in der Figur rechts:
B (2,5 | 2,5); C (−1 | −2); D (2 | −1,8).

Rationale Zahlen

2 Anordnung und Betrag rationaler Zahlen

Liegt auf der Zahlengeraden a links von b, so ist a < b.

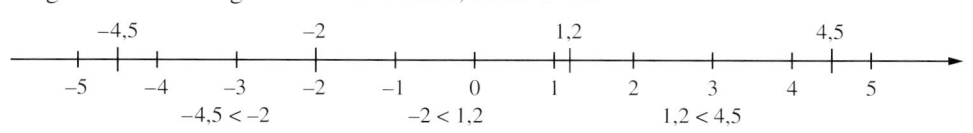

$-4{,}5 < -2 \quad\quad -2 < 1{,}2 \quad\quad 1{,}2 < 4{,}5$

Beispiel 1
Vergleiche. Schreibe mit < oder >.

a) -8 und -5 b) -3 und $-3{,}4$ c) -5 und $\frac{1}{5}$ d) $-\frac{3}{8}$ und $-\frac{4}{11}$

Lösung:
a) $-8 < -5$ *denn -8 liegt links von -5.*
b) $-3 > -3{,}4$ *denn -3 liegt rechts von $-3{,}4$.*
c) $-5 < \frac{1}{5}$ *denn jede negative Zahl ist kleiner als jede positive Zahl.*
d) *Bringe die Brüche zuerst auf den Hauptnenner:*
$-\frac{3}{8} = -\frac{33}{88}$ und $-\frac{4}{11} = -\frac{32}{88}$, also $-\frac{3}{8} < -\frac{4}{11}$.

Beispiel 2
Vergleiche -8469 und -8471
8471 liegt auf der Zahlengeraden rechts von 8469; also gilt für die Gegenzahlen:
-8471 liegt links von -8469.
Lösung:
$-8471 < -8469$

Der Abstand einer rationalen Zahl a von 0 heißt der **Betrag** von a. Für den Betrag von a schreibt man $|a|$ (lies: Betrag von a).
$|+3| = |3| = 3; \quad |-3| = 3; \quad |0| = 0; \quad |-5{,}6| = 5{,}6$

Beachte:
$|a|$ ist stets eine nicht-negative Zahl.

Beispiel 3
Für welche rationalen Zahlen x gilt: $|x| = 7$?
Lösung: Für $x = 7$ und $x = -7$.

Beispiel 4
Zeichne jeweils eine Zahlengerade. Markiere den Bereich aller rationalen Zahlen z, für die gilt: a) $|z| < 3{,}5$ b) $1 < |z| < 4{,}5$
Lösung:

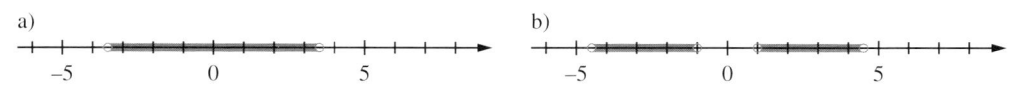

Wenn $a < b < 0$ dann $|a| > |b|$.

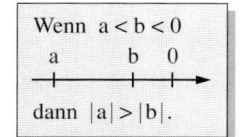

Beispiel 5
Berechne   a) $7 + |-3|$ b) $|-23| - |-12|$ c) $||5| + |-12||$
Lösung:
a) $7 + |-3| = 7 + 3 = 10$ b) $|-23| - |-12| = 23 - 12 = 11$
c) $||5| + |-12|| = |5 + 12| = |17| = 17$

Rationale Zahlen

3 Addieren und Subtrahieren rationaler Zahlen

Addition und Subtraktion an der Zahlengeraden

Addieren
einer **positiven** Zahl
Gehe um ihren Betrag nach **rechts**

Addieren
einer **negativen** Zahl
Gehe um ihren Betrag nach **links**

Subtrahieren
einer **positiven** Zahl
Gehe um ihren Betrag nach **links**

Subtrahieren
einer **negativen** Zahl
Gehe um ihren Betrag nach **rechts**

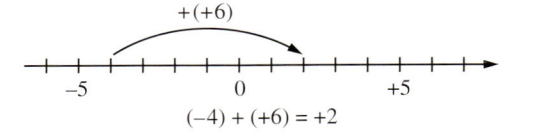

$(-4) + (+6) = +2$ 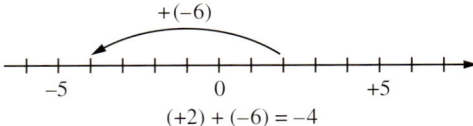 $(+2) + (-6) = -4$

$(+2) - (+6) = -4$ $(-4) - (-6) = +2$

Um die Schreibweise für Summen und Differenzen zu vereinfachen, kann man das Pluszeichen weglassen, also
$(+5) + (+4) = 5 + 4$
und
$(+5) - (+4) = 5 - 4$.

Das Minuszeichen darf man jedoch nicht weglassen, es sei denn, man ersetzt nach den Rechenregeln
$5 + (-4) = 5 - 4$
und
$5 - (-4) = 5 + 4$
(vgl. auch Beispiel 2).

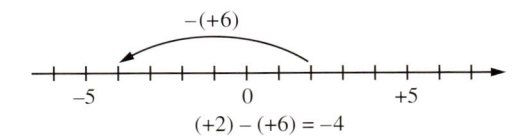

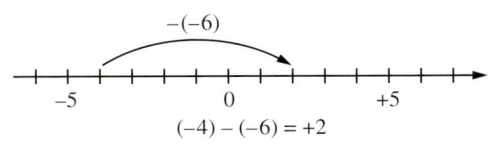

Addieren zweier rationaler Zahlen:

Gleiche Vorzeichen:
1. Addiere die Beträge.
2. Gib der Summe das gemeinsame Vorzeichen der Summanden.

Verschiedene Vorzeichen:
1. Subtrahiere den kleineren Betrag vom größeren Betrag.
2. Gib der Differenz das Vorzeichen des Summanden mit dem größeren Betrag.

Beispiel 1
Berechne   a) $(-13) + (-39)$ b) $(+7,8) + (-3,5)$
Lösung:
a) *gleiche Vorzeichen*
1. Schritt: $13 + 39 = 52$
2. Schritt: Gemeinsames Vorzeichen $-$
Ergebnis: $(-13) + (-39) = -52$

b) *verschiedene Vorzeichen*
$7,8 - 3,5 = 4,3$
$+7,8$ hat den größeren Betrag, also $+$.
$(+7,8) + (-3,5) = 4,3$

Subtrahieren einer Zahl bedeutet dasselbe wie **Addieren ihrer Gegenzahl**.

Steht eine negative Zahl am Anfang einer Summe oder Differenz, so darf man die Klammern um die negative Zahl weglassen.

Beispiel 2
Schreibe zunächst als Summe, berechne dann.
a) $(+48) - (+69)$ b) $(-48) - (+69)$ c) $(+48) - (-69)$ d) $(-48) - (-69)$
Lösung:
a) $(+48) - (+69) = (+48) + (-69)) -21$ b) $(-48) - (+69) = (-48) + (-69) = -117$
c) $(+48) - (-69) = (+48) + (+69) = 117$ d) $(-48) - (-69) = (-48) + (+69) = 21$

4 Multiplizieren und Dividieren rationaler Zahlen

Ist der erste Faktor eines Produkts negativ, so muss man keine Klammer setzen, denn z. B.
$(-2) \cdot 6 = -(2 \cdot 6)$
$\qquad = -2 \cdot 6$

Rechenregel für das **Multiplizieren zweier rationaler Zahlen**
1. Multipliziere die Beträge.
2. Bei **gleichen** Vorzeichen gib dem Produkt das Vorzeichen +,
   bei **verschiedenen** Vorzeichen gib dem Produkt das Vorzeichen –.
Ferner ist für alle rationalen Zahlen a: $a \cdot 0 = 0 \cdot a = 0$

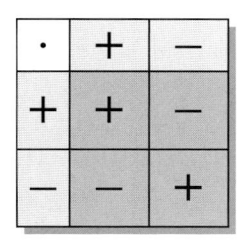

Beispiel 1
Berechne   a) $\frac{3}{4} \cdot (-8)$ b) $(-1,8) \cdot \left(-\frac{2}{3}\right)$ c) $(-0,5)^2$
Lösung:
1. Schritt: a) $\frac{3}{4} \cdot 8 = 6$ b) $1,8 \cdot \frac{2}{3} = 1,2$ c) $0,5 \cdot 0,5 = 0,25$
2. Schritt: *Verschiedene Vorzeichen, das Produkt ist negativ.* *Gleiche Vorzeichen, das Produkt ist positiv.* *Gleiche Vorzeichen, das Produkt ist positiv.*
Ergebnis: $\frac{3}{4} \cdot (-8) = -6$ $(-1,8) \cdot \left(-\frac{2}{3}\right) = 1,2$ $(-0,5)^2 = 0,25$

Rechenregel für das **Dividieren zweier rationaler Zahlen** ($\neq 0$)
1. Dividiere die Beträge.
2. Bei **gleichen** Vorzeichen gib dem Quotienten das Vorzeichen +,
   bei **verschiedenen** Vorzeichen gib dem Quotienten das Vorzeichen –.

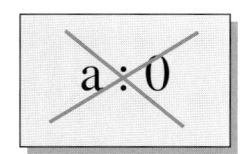

Da $a \cdot 0 = 0$, ist für alle rationalen Zahlen $a \neq 0$: $0 : a = 0$.
Dagegen gibt es für $a \neq 0$ keine Zahl x mit $x \cdot 0 = a$, man kann also nicht durch 0 dividieren.

Beispiel 2
Berechne   a) $(-28) : 4$ b) $(-6,4) : (-0,8)$ c) $\frac{5}{3} : \left(-\frac{4}{5}\right)$
Lösung:
1. Schritt: a) $28 : 4 = 7$ b) $6,4 : 0,8 = 8$ c) $\frac{5}{3} : \frac{4}{5} = \frac{25}{12}$
2. Schritt: *Verschiedene Vorzeichen, der Quotient ist negativ.* *Gleiche Vorzeichen, der Quotient ist positiv.* *Verschiedene Vorzeichen, der Quotient ist negativ.*
Ergebnis: $(-28) : 4 = -7$ $(-6,4) : (-0,8) = 8$ $\frac{5}{3} : \left(-\frac{4}{5}\right) = -\frac{25}{12}$

Bei positiven Zahlen ist $3 : 4 = \frac{3}{4}$. Entsprechend schreibt man statt $(-3) : 4$ auch $\frac{-3}{4}$, statt $3 : (-4)$ auch $\frac{3}{-4}$ und statt $(-3) : (-4)$ auch $\frac{-3}{-4}$.

Beispiel 3
Schreibe als Bruch, kürze so weit wie möglich.
a) $15 : (-35)$ b) $(-96) : (-36)$ c) $-\frac{4}{5} : \frac{12}{25}$ d) $\frac{7}{2} : \left(-\frac{21}{8}\right)$
Schreibe erst die Vorzeichen mit in den Zähler und Nenner, überlege dann, welches Vorzeichen der Bruch erhält.
Lösung:
a) $15 : (-35) = \frac{15}{-35} = -\frac{15}{35} = -\frac{3}{7}$ b) $(-96) : (-36) = \frac{-96}{-36} = \frac{96}{36} = \frac{8}{3}$
c) $-\frac{4}{5} : \frac{12}{25} = \frac{-\frac{4}{5}}{\frac{12}{25}} = -\frac{\frac{4}{5}}{\frac{12}{25}} = -\left(\frac{4}{5} \cdot \frac{25}{12}\right) = -\frac{5}{3}$ d) $\frac{7}{2} : \left(-\frac{21}{8}\right) = \frac{\frac{7}{2}}{-\frac{21}{8}} = -\frac{\frac{7}{2}}{\frac{21}{8}} = -\left(\frac{7}{2} \cdot \frac{8}{21}\right) = -\frac{4}{3}$

Rationale Zahlen

5 Rechengesetze für rationale Zahlen

Für das Rechnen mit rationalen Zahlen gelten die gleichen Regeln und Gesetze wie für das Rechnen mit natürlichen Zahlen.

> **Kommutativgesetz der Addition:**
> Für alle rationalen Zahlen a, b gilt:
> $$a + b = b + a$$
> **Klammerregeln:**
> $a + (b - c) = a + b - c;\quad a - (b + c) = a - b - c;\quad a - (b - c) = a - b + c$
>
> **Assoziativgesetz der Addition:**
> Für alle rationalen Zahlen a, b, c gilt:
> $$a + (b + c) = (a + b) + c$$

Beispiel 1
Schreibe zunächst als Summe, fasse dann geschickt zusammen. $17 - 33 - 47 + 23$
Lösung: $\quad 17 - 33 - 47 + 23 = 17 + (-33) + (-47) + 23$
Benutze das Kommutativgesetz: $\quad = 17 + (-47) + (-33) + 23$
Benutze das Assoziativgesetz: $\quad = [17 + (-47)] + [(-33) + 23] = -30 + (-10) = -40$

Beispiel 2
Berechne. Benutze die Klammerregeln.
a) $35 + (7 - 13)$ b) $14 - (3 - 12)$ c) $-12 + (-24 + 35)$ d) $-45 - (-46 + 10)$
Lösung:
a) $35 + (7 - 13) = 35 + 7 - 13 = 29$ b) $14 - (3 - 12) = 14 - 3 + 12 = 23$
c) $-12 + (-24 + 35) = -12 - 24 + 35 = -1$ d) $-45 - (-46 + 10) = -45 + 46 - 10 = -9$

> **Distributivgesetz:**
> Für alle rationalen Zahlen a, b, c gilt: $\quad a \cdot (b + c) = a \cdot b + a \cdot c$
> d. h.: Beim Multiplizieren einer Summe mit einer Zahl wird **jeder** Summand mit der Zahl multipliziert.

Beispiel 3
a) Berechne durch „**Ausmultiplizieren**": $\frac{6}{5} \cdot \left[-\frac{1}{2} + \left(-\frac{2}{3}\right)\right]$
b) Berechne durch „**Ausklammern**": $(-7) \cdot \left(-2\frac{1}{3}\right) + (-7) \cdot \left(-\frac{2}{3}\right)$
c) Berechne möglichst geschickt: $\frac{-56 + 72}{32}$

Lösung:
a) $\frac{6}{5} \cdot \left[-\frac{1}{2} + \left(-\frac{2}{3}\right)\right] = \frac{6}{5} \cdot \left(-\frac{1}{2}\right) + \frac{6}{5} \cdot \left(-\frac{2}{3}\right) = -\frac{3}{5} + \left(-\frac{4}{5}\right) = -\frac{7}{5}$
b) $(-7) \cdot \left(-2\frac{1}{3}\right) + (-7) \cdot \left(-\frac{2}{3}\right) = (-7) \cdot \left[-2\frac{1}{3} + \left(-\frac{2}{3}\right)\right] = (-7) \cdot (-3) = 21$
c) *Klammere im Zähler die 8 aus und kürze erst einmal.*
$\frac{-56 + 72}{32} = \frac{8 \cdot (-7 + 9)}{32} = \frac{(-7 + 9)}{4} = \frac{2}{4} = \frac{1}{2}$

Beispiel 4
Berechne.   a) $\frac{7}{3} \cdot \left(\frac{7}{14} - \frac{1}{7}\right)$ b) $(-130 + 221) : 13$
Lösung:
a) $\frac{7}{3} \cdot \left(\frac{7}{14} - \frac{1}{7}\right) = \frac{7}{3} \cdot \frac{1}{2} - \frac{7}{3} \cdot \frac{1}{7} = \frac{7}{6} - \frac{1}{3} = \frac{5}{6}$
b) $(-130 + 221) : 13 = (-130) : 13 + 221 : 13 = -10 + 17 = 7$

Zu Beispiel 4a:
Für rationale Zahlen b, c gilt: $b - c = b + (-c)$.
Daher kann man das Distributivgesetz auch für Differenzen benutzen:
$\mathbf{a \cdot (b - c) = a \cdot b - a \cdot c}$.

Zu Beispiel 4b:
Für rationale Zahlen s, c ($c \neq 0$) gilt: $s : c = \frac{1}{c} \cdot s$.
Daher kann man das Distributivgesetz auch für die Division durch eine rationale Zahl benutzen:
$\mathbf{(a + b) : c = a : c + b : c}$, $c \neq 0$.

II Terme

1 Berechnen von Termen

> Rechenvorschriften wie $x \cdot 2 + 3$; $a - 10$; $(v : 2)^2$; $|z| + 1$
> heißen **Terme mit einer Variablen**.
> Rechenvorschriften wie $2 \cdot x + 5 \cdot y$; $a + b - c$; $(r - s)^2$
> heißen **Terme mit mehreren Variablen**.
> Für die Variablen können Zahlen eingesetzt werden. Man kann dann den jeweiligen Wert des Terms bestimmen.
> Tritt in einem Term wie $x \cdot (x + 1)$ dieselbe Variable mehrmals auf, so muss man jeweils dieselbe Zahl einsetzen.
> Treten in einem Term wie $2x^2 - 3y + 4$ verschiedene Variable auf, so dürfen für diese verschiedene, aber auch gleiche Zahlen eingesetzt werden.

Ein Term lässt nicht nur erkennen, welche Rechenschritte auszuführen sind, auch die Reihenfolge der Rechenschritte ist festgelegt.

> **Rechenvorschriften für Terme**
> 1. Was in Klammern steht, wird **zuerst** ausgerechnet.
>   Innere Klammern rechnet man dabei zuerst aus.
> 2. Innerhalb von Klammern oder wenn Klammern fehlen, gilt:
>   Potenzrechnung **vor** Punktrechnung, Punktrechnung **vor** Strichrechnung.

In Produkten darf man die Malpunkte weglassen, wenn keine Missverständnisse entstehen können:
$5 + 3x^2 = 5 + 3 \cdot x^2$
$7x - xy = 7 \cdot x - x \cdot y$
$a(b + c) = a \cdot (b + c)$,
aber nicht
$38 = 3 \cdot 8$.

Beispiel 1
Berechne den Wert des Terms
a) $5 + 3 \cdot x^2$, wenn -4 für x eingesetzt wird.
b) $7 - y \cdot 3$, wenn 8 für y eingesetzt wird.
c) $(7 - y) \cdot 3$, wenn 8 für y eingesetzt wird.
d) $(5 - (4 + a))(a - 3)$, wenn 2 für a eingesetzt wird.
Lösung:
Achte auf die Reihenfolge der Rechenschritte.

a) $5 + 3 \cdot (-4)^2$ $= 5 + 3 \cdot 16$ *Zuerst Potenzen ausrechnen*
                     $= 5 + 48$ *Punktrechnung geht vor Strichrechnung*
                     $= 53$

b) $7 - 8 \cdot 3$ $= 7 - 24$ *Punktrechnung geht vor Strichrechnung*
                   $= -17$

c) $(7 - 8) \cdot 3$ $= (-1) \cdot 3$ *Klammern zuerst ausrechnen*
                   $= -3$

d) $(5 - (4 + 2))(2 - 3) = (5 - 6)(-1)$ *Erst Klammern auflösen und dabei die*
                                        $= (-1) \cdot (-1)$ *inneren Klammern zuerst ausrechnen.*
                                        $= 1$

Beispiel 2
Berechne den Wert des Terms $(a - b)a - a^2$
a) für $a = 3$; $b = -5$ b) für $a = 4$; $b = 4$.
Lösung:
Achte auf die Reihenfolge der Rechenschritte.
a) $(3 - (-5)) \cdot 3 - 3^2 = 8 \cdot 3 - 3^2 = 8 \cdot 3 - 9 = 24 - 9 = 15$
b) $(4 - 4) \cdot 4 - 4^2 = 0 \cdot 4 - 4^2 = 0 - 16 = -16$

Terme

2 Vereinfachen von Termen

Zwei Terme können verschiedene Rechenwege angeben und trotzdem bei jeder Einsetzung den gleichen Wert liefern. Man nennt sie in diesem Fall gleichwertig oder **äquivalent**.
In Termen mit mehreren Variablen müssen dabei gleiche Variable durch gleiche Zahlen ersetzt werden.
Beim **Vereinfachen von Termen** versucht man durch Anwendung der Rechengesetze für die rationalen Zahlen einen Term so umzuformen, dass er übersichtlicher wird und beim Einsetzen sein Wert leichter berechnet werden kann.

> In Produkten kann man **gleiche** Faktoren zu Potenzen zusammenfassen.

Dabei schreibt man zuerst die Zahlen und dann die Variablen in alphabetischer Reihenfolge.

Beispiel 1
Vereinfache
a) $5x \cdot 3y \cdot x \cdot 6y \cdot 2x$　　b) $(3r) \cdot s \cdot \left(\frac{1}{6} r s\right) \cdot \frac{2}{5} \cdot s$　　c) $p^3 \cdot q^2 \cdot p^4$　　d) $(6 a b^2 a) : \left(-\frac{4}{3}\right)$

Beim Vereinfachen von Produkten lässt man die Malpunkte meist weg.

Statt $1 \cdot x$ schreibt man nur x; statt $-1 \cdot x$ nur $-x$.

Lösung:
a) Ordnen:　　　　　　　　　$5x \cdot 3y \cdot x \cdot 6y \cdot 2x = 5 \cdot 3 \cdot 6 \cdot 2 \cdot x \cdot x \cdot x \cdot y \cdot y$
　　Zusammenfassen:　　　　　　　　　$= 180 x^3 y^2$
b) Ordnen:　　　　　　　　　$(3r) \cdot s \cdot \left(\frac{1}{6} r s\right) \cdot \frac{2}{5} \cdot s = 3 \cdot \frac{1}{6} \cdot \frac{2}{5} \cdot r \cdot r \cdot s \cdot s \cdot s$
　　Zusammenfassen:　　　　　　　　　$= \frac{1}{5} r^2 s^3$
c)　　　　　　　　　$p^3 \cdot q^2 \cdot p^4 = p^3 \cdot p^4 \cdot q^2 = p^7 q^2$
d) Als Produkt schreiben:　　$(6 a b^2 a) : \left(-\frac{4}{3}\right) = (6 a b^2 a) \cdot \left(-\frac{3}{4}\right)$
　　Ordnen:　　　　　　　　　$= 6 \cdot \left(-\frac{3}{4}\right) \cdot a \cdot a \cdot b^2$
　　Zusammenfassen:　　　　　　　　　$= -\frac{9}{2} a^2 b^2$

Summen vereinfachen

> Mit dem Distributivgesetz kann man Summanden mit gleichen Faktoren zusammenfassen.
> $$3 \cdot x + 4 \cdot x = (3 + 4) \cdot x = 7 \cdot x$$
> Man kann nur solche Summanden zusammenfassen, bei denen gleiche Variable in jeweils gleichen Potenzen vorkommen.
> $$y \cdot 4 + y^2 + 2y = 4y + 2y + y^2 = 6y + y^2$$

Beispiel 2 (Summenterme mit einer Variablen)
Vereinfache
a) $3 \cdot x + 5 + 7 \cdot x - 8 + x \cdot 4 \cdot 0{,}4$　　　　b) $x \cdot 5 + 2 + x^2 - 3 \cdot x + 4 \cdot x^2 + x^3 - 6$

Vereinheitlichen heißt: Vereinfache Summanden nach den Regeln für das Vereinfachen von Produkten und lasse unnötige Malpunkte weg.

Lösung:
a) Vereinheitlichen:　　　$3 \cdot x + 5 + 7 \cdot x - 8 + x \cdot 4 \cdot 0{,}4 = 3x + 5 + 7x - 8 + 1{,}6x$
　　Ordnen:　　　　　　　　　$= 3x + 7x + 1{,}6x + 5 - 8$
　　Zusammenfassen:　　　　　　　　$= 11{,}6x - 3$
b) Vereinheitlichen:　$x \cdot 5 + 2 + x^2 - 3 \cdot x + 4 \cdot x^2 + x^3 - 6 = 5x + 2 + x^2 - 3x + 4x^2 + x^3 - 6$
　　nach Potenzen der Variablen ordnen:　　$= x^3 + x^2 + 4x^2 + 5x - 3x + 2 - 6$
　　Zusammenfassen:　　　　　　　　$= x^3 + 5x^2 + 2x - 4$

Beispiel 3 (Summenterme mit mehreren Variablen)
Vereinfache.
a) $3a + \frac{1}{5}b + 7{,}3c + 4b - 5c + a$
b) $3y + xy \cdot 5 + 7y + 3x^2y + 1{,}3y + 4xy + 2xy^2$
Lösung:
a) *Ordnen:* $\quad 3a + \frac{1}{5}b + 7{,}3c + 4b - 5c + a = 3a + a + \frac{1}{5}b + 4b + 7{,}3c - 5c$
Zusammenfassen: $\quad = 4a + \frac{21}{5}b + 2{,}3c$

b) *Vereinheitlichen:*
$\quad xy \cdot 5 + 7y + 3x^2y + 1{,}3y + 4xy + 2xy^2 = 5xy + 7y + 3x^2y + 1{,}3y + 4xy + 2xy^2$
Ordnen: $\quad = 3x^2y + 5xy + 4xy + 2xy^2 + 1{,}3y + 7y$
Zusammenfassen: $\quad = 3x^2y + 9xy + 2xy^2 + 8{,}3y$

Differenzen vereinfachen

$a - b = a + (-b)$. Folglich kann man auch bei der Subtraktion gleichartige Terme zusammenfassen, z.B. $4pq - 9pq = 4pq + (-9)pq = (4 + (-9))pq = (4 - 9)pq = -5pq$.

Klammerregeln: $a + (b - c) = a + b - c;\quad a - (b + c) = a - b - c;\quad a - (b - c) = a - b + c$

Beachte die Spezialfälle $-(a + b) = -a - b$ und $-(a - b) = -a + b$.
Die Klammerregeln gelten entsprechend, wenn in der Klammer mehrere Summanden stehen, z.B. $a - (b + c - d) = a - b - c + d$ oder $-(a + b - c) = -a - b + c$.

Beispiel 4 (Differenzen mit einer Variablen)
Vereinfache.
a) $2a - 3 - a - 5a + 4$
b) $6x - (4 + 3x) - (8x - 5)$
c) $x - (x^2 - 2x - 3) + 2x^2$
d) $-(3x + 4) - (5 - 2x)$
Lösung:
a) *Ordnen:* $\quad 2a - 3 - a - 5a = 2a - a - 5a - 3$
Zusammenfassen: $\quad = -4a - 3$
b) *Klammern auflösen:* $\quad 6x - (4 + 3x) - (8x - 5) = 6x - 4 - 3x - 8x + 5$
Ordnen: $\quad = 6x - 3x - 8x - 4 + 5$
Zusammenfassen: $\quad = -5x + 1$
c) *Klammern auflösen:* $\quad x - (x^2 - 2x - 3) + 2x^2 = x - x^2 + 2x + 3 + 2x^2$
Ordnen: $\quad = -x^2 + 2x^2 + x + 2x + 3$
Zusammenfassen: $\quad = x^2 + 3x + 3$
d) *Klammern auflösen:* $\quad -(3x + 4) - (5 - 2x) = -3x - 4 - 5 + 2x$
Ordnen: $\quad = -3x + 2x - 4 - 5$
Zusammenfassen: $\quad = -x - 9$

Beispiel 5 (Differenzen mit mehreren Variablen)
Vereinfache:
a) $6x - (4y + 2x) - (8x - 3y)$
b) $-(a + 3b - 4c) - (-2a + 4b)$
Lösung:
a) *Klammern auflösen:* $\quad 6x - (4y + 2x) - (8x - 3y) = 6x - 4y - 2x - 8x + 3y$
Ordnen: $\quad = 6x - 2x - 8x - 4y + 3y$
Zusammenfassen: $\quad = -4x - y$
b) *Klammern auflösen:* $\quad -(a + 3b - 4c) - (-2a + 4b) = -a - 3b + 4c + 2a - 4b$
Ordnen: $\quad = -a + 2a - 3b - 4b + 4c$
Zusammenfassen: $\quad = a - 7b + 4c$

Terme

3 Multiplizieren von Summen

Für Differenzen gilt entsprechend:
$a \cdot (b - c) = a \cdot b - a \cdot c$

Für $c \neq 0$ gilt:
$(a + b) \cdot \frac{1}{c} = (a + b) : c$
$\phantom{(a + b) \cdot \frac{1}{c}} = a : c + b : c$

Eine Summe wird mit einem Term multipliziert, indem man **jeden** Summanden mit dem Term multipliziert und die Produkte addiert.

$$a \cdot (b + c) = a \cdot b + a \cdot c$$

$a \cdot (b+c) = a \cdot b + a \cdot c$
aber
$a \cdot (b \cdot c) \neq a \cdot b \cdot a \cdot c$

Beispiel 1
Multipliziere a) $(3 + y)z$ b) $a(2 - x + y)$ c) $3{,}5\,r(4r + 3s)$
Lösung:
a) $(3 + y)z = 3z + yz$
b) *Auch mehrfache Summen kann man so multiplizieren:* $a(2 - x + y) = a \cdot 2 - ax + ay$
c) *Jeder Summand muss mit $3{,}5\,r$ multipliziert werden:* $3{,}5\,r \cdot (4r + 3s) = 14r^2 + 10{,}5\,rs$

Beispiel 2
Vereinfache a) $2r(3 + 5s) - (4r - s) \cdot 8r$ b) $\frac{3x^2 - 18x}{9} + 6x^2 : 8$
Lösung:
a) *Multiplizieren:* $2r(3 + 5s) - (4r - s) \cdot 8r = 6r + 10rs - (32r^2 - 8rs)$
   Klammerregel anwenden: $= 6r + 10rs - 32r^2 + 8rs$
   Ordnen und Zusammenfassen: $= 6r - 32r^2 + 18rs$
b) *Dividieren:* $\frac{3x^2 - 18x}{9} + 6x^2 : 8 = \frac{1}{3}x^2 - 2x + \frac{3}{4}x^2$
   Ordnen und Zusammenfassen: $= \frac{13}{12}x^2 - 2x$

Entsprechende Regeln gelten auch für Differenzen:
$(a + b)(c - d)$
$\quad = ac - ad + bc - bd$
$(a - b)(c + d)$
$\quad = ac + ad - bc - bd$
$(a - b)(c - d)$
$\quad = ac - ad - bc + bd$

Zwei Summen werden multipliziert, indem man **jeden** Summanden der ersten Summe **mit jedem** Summanden der zweiten Summe multipliziert und die Produkte addiert.

$$(a + b) \cdot (c + d) = a \cdot c + a \cdot d + b \cdot c + b \cdot d$$

Beispiel 3
Vereinfache a) $(5 + x)(2x + 4)$ b) $(5 + x)(2x - 4)$
             c) $(5 - x)(2x - 4)$ d) $(-5 - x)(2x - 4)$
Lösung:
a) $(5 + x)(2x + 4) = 10x + 20 + 2x^2 + 4x$ b) $(5 + x)(2x - 4) = 10x - 20 + 2x^2 - 4x$
   $ = 2x^2 + 14x + 20$ $ = 2x^2 + 6x - 20$
c) $(5 - x)(2x - 4) = 10x - 20 - 2x^2 + 4x$ d) $(-5 - x)(2x - 4) = -10x + 20 - 2x^2 + 4x$
   $ = -2x^2 + 14x - 20$ $ = -2x^2 - 6x + 20$

Beispiel 4
Vereinfache $\left(\frac{2}{3}a + 4b\right)\left(5a - \frac{1}{4}b\right)$
Lösung:
Multiplizieren: $\left(\frac{2}{3}a + 4b\right)\left(5a - \frac{1}{4}b\right) = \frac{10}{3}a^2 - \frac{1}{6}ab + 20ab - b^2$
Ordnen und Zusammenfassen: $= \frac{10}{3}a^2 + 19\frac{5}{6}ab - b^2$

4 Binomische Formeln, Zerlegung von Summen in Faktoren

*Kopfrechnen
mit Hilfe der binomischen
Formeln:*
$71^2 = (70 + 1)^2$
$= 70^2 + 2 \cdot 70 + 1^2$
$= 5041$

$68^2 = (70 - 2)^2$
$= 70^2 - 2 \cdot 70 + 2^2$
$= 4624$

$103 \cdot 97$
$= (100 + 3) \cdot (100 - 3)$
$= 100^2 - 3^2$
$= 9991$

Binomische Formeln:
(1) $\qquad (a + b)^2 = a^2 + 2ab + b^2$
(2) $\qquad (a - b)^2 = a^2 - 2ab + b^2$
(3) $\qquad (a + b) \cdot (a - b) = a^2 - b^2$

Beispiel 1
Vereinfache a) $(3r - 2s)^2$ b) $(4xy + 3z)(4xy - 3z)$
c) $(-x + 3y)^2$ d) $(3p - 4q)(-4q - 3p)$

Lösung:
Setze in Gedanken 3r für a und 2s für b bzw. 4xy für a und 3z für b.

a) $(3r - 2s)^2 = (3r)^2 - 2 \cdot 3r \cdot 2s + (2s)^2$
$\qquad\qquad = 9r^2 - 12rs + 4s^2$

b) $(4xy + 3z)(4xy - 3z) = (4xy)^2 - (3z)^2$
$\qquad\qquad\qquad\qquad\quad = 16x^2y^2 - 9z^2$

c) $(-x + 3y)^2 = (-x)^2 + 2(-x)3y + (3y)^2$
$\qquad\qquad = x^2 - 6xy + 9y^2$

d) $(3p - 4q)(-4q - 3p) = (-4q + 3p)(-4q - 3p)$
$\qquad\qquad\qquad\qquad\quad = (-4q)^2 - (3p)^2$
$\qquad\qquad\qquad\qquad\quad = 16q^2 - 9p^2$

*Wenn man die Summanden vertauscht,
dann wird die Rechnung etwas einfacher.*
$(-x + 3y)^2 = (3y - x)^2$
$\qquad\qquad = 9y^2 - 6xy + x^2$

*Vor Anwendung der 3. binomischen Formel
kann man auch zuerst (–1) ausklammern:*
$(3p - 4q)(-4q - 3p) = (3p - 4q)(3p + 4q) \cdot (-1)$
$\qquad\qquad\qquad\qquad = (9p^2 - 16q^2) \cdot (-1)$
$\qquad\qquad\qquad\qquad = -9p^2 + 16q^2$

Es gibt zwei Möglichkeiten, Summen in Produkte umzuformen:
1. Ausklammern $\quad a \cdot b + a \cdot c = a \cdot (b + c)$
2. Anwendung der binomischen Formeln

Beispiel 2
Schreibe als Produkt:
a) $4x^2 + 12x + 8x^3$ b) $ab + ac + db + dc$
c) $(5a - 2)b + (5a - 2)c + 3(b + c)$

Lösung:
a) $4x^2 + 12x + 8x^3 = 4x(x + 3 + 2x^2)$
b) *Hier kann man zweimal ausklammern.*
$ab + ac + db + dc = a(b + c) + d(b + c) = (a + d)(b + c)$
c) *Klammere zuerst die Differenz $5a - 2$ aus, danach kannst du noch $b + c$ ausklammern.*
$(5a - 2)b + (5a - 2)c + 3(b + c) = (5a - 2)(b + c) + 3(b + c)$
$\qquad\qquad\qquad\qquad\qquad\qquad = (5a - 2 + 3)(b + c)$
$\qquad\qquad\qquad\qquad\qquad\qquad = (5a + 1)(b + c)$

Beispiel 3
Schreibe
a) als Quadrat $\qquad 25x^2 - 30x + 9$ b) als Produkt $\quad 36 - 4r^2$
Schreibe in Gedanken darunter $\quad a^2 - 2ab + b^2 \qquad$ bzw. $\qquad a^2 - b^2 \quad$ und vergleiche.
Lösung:
a) $25x^2 - 30x + 9 = (5x)^2 - 2 \cdot 5x \cdot 3 + 3^2 = (5x - 3)^2$
b) $36 - 4r^2 = 6^2 - (2r)^2 = (6 + 2r)(6 - 2r)$

Terme

5 Bruchterme

$\frac{1}{x}, \frac{2x}{x-3}, \frac{b+r}{s}, \frac{a+4}{a+b}, \frac{y}{2}$ sind Beispiele für **Bruchterme**.

Für **Bruchterme** gilt:

Für Brüche gilt:
1. Brüche sind eine andere Schreibweise für Quotienten. Z. B.: $\frac{5}{8} = 5 : 8$.
2. Der Nenner eines Bruches darf nicht Null sein.
3. Brüche kann man erweitern und kürzen, indem man Zähler und Nenner mit derselben Zahl multipliziert bzw. dividiert:
$\frac{a}{b} = \frac{a \cdot c}{b \cdot c}$ *(für $b \neq 0$; $c \neq 0$).*

1. Bruchterme sind eine andere Schreibweise für Quotienten. Z. B.: $\frac{2x}{x-3} = 2x : (x - 3)$.
2. In Bruchtermen darf man nur solche Zahlen einsetzen, für die der Nenner nicht Null wird. Man sagt: Für diese Zahlen ist der Bruchterm **definiert**. Z. B. in $\frac{2x}{x-3}$ für $x \neq 3$.
3. Bruchterme kann man erweitern und kürzen, indem man Zähler und Nenner mit derselben Zahl oder demselben Term multipliziert. Dabei muss man beachten:
Beim Kürzen des Bruchterms $\frac{7x}{x(x-1)}$ mit x entsteht der Term $\frac{7}{x-1}$. Der erste Term ist jedoch für $x = 0$ (und auch $x = 1$) nicht definiert, der zweite Term ergibt für $x = 0$ den Wert -7. Daher gilt $\frac{7x}{x(x-1)} = \frac{7}{x-1}$ nur, wenn $x \neq 0$ und $x \neq 1$.

> Beim **Erweitern und Kürzen eines Bruchterms** muss man alle die Einsetzungen ausschließen, für die der ursprüngliche Bruchterm nicht definiert ist, **und** alle Einsetzungen, für die der erweiterte bzw. gekürzte Bruchterm nicht definiert ist.

Der Bruchterm $\frac{2x}{x-3}$ hat die Definitionsmenge $D = \mathbb{Q} \setminus \{3\}$ (lies: $\mathbb{Q}$ ohne $\{3\}$).

Tritt in einem Bruchterm nur eine Variable auf, so nennt man die Menge der Zahlen, die für die Variable eingesetzt werden dürfen, die **Definitionsmenge** D des Bruchterms.

Beispiel 1
Gib eine Bedingung dafür an, dass der Nenner nicht Null wird: a) $\frac{r+1}{r-s}$ b) $\frac{2a}{a^2-1}$
Lösung:
a) Der Nenner von $\frac{r+1}{r-s}$ ist ungleich Null für $r \neq s$.
b) Der Nenner von $\frac{2a}{a^2-1}$ ist ungleich Null für $a \neq 1$ und $a \neq -1$.

Beispiel 2
Bestimme die Definitionsmenge: a) $\frac{3}{(x-1)(x+3)}$ b) $\frac{2a}{a^2+3}$
Lösung:
a) *Der Nenner ist Null, wenn einer der beiden Faktoren Null wird: für $x = 1$ bzw. für $x = -3$. Also $D = \mathbb{Q} \setminus \{-3; 1\}$.*
b) *Für alle rationalen Zahlen a gilt: $a^2 \geq 0$, also $a^2 + 3 \geq 3$ und somit $a^2 + 3 \neq 0$. Also $D = \mathbb{Q}$.*

Beispiel 3
Erweitere: a) $\frac{3r+s}{rs}$ mit s   b) $\frac{x-2}{x+2}$ mit $x-2$
Lösung:
a) $\frac{3r+s}{rs} = \frac{(3r+s)s}{rs \cdot s} = \frac{3rs+s^2}{rs^2}$ b) $\frac{x-2}{x+2} = \frac{(x-2)(x-2)}{(x+2)(x-2)} = \frac{(x-2)^2}{x^2-4}$
(für $r \neq 0$; $s \neq 0$)   (für $x \neq -2$; $x \neq 2$)

Will man einen Bruchterm kürzen und ist der Zähler (der Nenner) eine Summe bzw. Differenz, so muss man versuchen, den Zähler (den Nenner) in ein Produkt umzuformen. Häufig kann man dies durch Ausklammern oder durch Anwenden einer binomischen Formel erreichen.

Beispiel 4
Kürze a) $\frac{3x+x^2}{4x}$ b) $\frac{3-2x}{2x-3}$ c) $\frac{2t+2}{t^2+t}$ d) $\frac{4-x^2}{2+x}$
Lösung:
a) $\frac{3x+x^2}{4x} = \frac{x(3+x)}{4x} = \frac{3+x}{4}$ (für $x \neq 0$)   b) $\frac{3-2x}{2x-3} = \frac{(-1)(2x-3)}{2x-3} = -1$ $\left(\text{für } x \neq \frac{3}{2}\right)$
c) $\frac{2t+2}{t^2+t} = \frac{2(t+1)}{t(t+1)} = \frac{2}{t}$ (für $t \neq 0$; $t \neq -1$)   d) $\frac{4-x^2}{2+x} = \frac{(2-x)(2+x)}{2+x} = 2-x$ (für $x \neq -2$)

Terme

6 Rechnen mit Bruchtermen

> Bruchterme mit **gleichen Nennern** werden addiert (subtrahiert), indem man die Zähler addiert (subtrahiert) und den Nenner beibehält.
> Haben Bruchterme **verschiedene Nenner**, so bringt man sie vor dem Addieren bzw. Subtrahieren auf den gleichen Nenner.

Beispiel 1 Gleiche Nenner
Berechne. Kürze so weit wie möglich: $\frac{x}{3x-2} + \frac{5x}{3x-2} - \frac{4}{3x-2}$.
Lösung:
$\frac{x}{3x-2} + \frac{5x}{3x-2} - \frac{4}{3x-2} = \frac{6x-4}{3x-2} = \frac{2(3x-2)}{3x-2} = 2$ für $x \neq \frac{2}{3}$

Beispiel 2 Verschiedene Nenner
Berechne: $\frac{3}{2x+10} + \frac{1}{3x+15} - \frac{1}{x}$
Lösung:
Zerlege die Nenner so weit wie möglich in Faktoren. Bestimme dann wie in der Bruchrechnung den Hauptnenner (HN).

$2x + 10 = 2 \cdot (x+5)$
$3x + 15 = 3 \cdot (x+5)$
$x = x$
HN: $ 2 \cdot 3 \cdot (x+5) \cdot x$

Erweitern auf den HN: $\frac{3}{2x+10} + \frac{1}{3x+15} - \frac{1}{x} = \frac{3 \cdot 3 \cdot x}{2 \cdot (x+5) \cdot 3 \cdot x} + \frac{1 \cdot 2 \cdot x}{2 \cdot (x+5) \cdot 3 \cdot x} - \frac{1 \cdot 2 \cdot 3 \cdot (x+5)}{2 \cdot (x+5) \cdot 3 \cdot x}$

Addieren bzw. Subtrahieren: $= \frac{9x + 2x - 6(x+5)}{2 \cdot 3 \cdot (x+5) \cdot x}$

Terme im Zähler und Nenner vereinfachen: $= \frac{5x - 30}{6x(x+5)}$ (für $x \neq 0$; $x \neq -5$)

Zur Erinnerung:
So hast du bisher beim Addieren von Brüchen den Hauptnenner bestimmt:
$\frac{1}{12} + \frac{5}{14} + \frac{1}{6}$
$12 = 2 \cdot 2 \cdot 3$
$14 = 2 \cdot 7$
$6 = 2 \cdot 3$
HN: $2 \cdot 2 \cdot 3 \cdot 7 = 84$

> Bruchterme werden miteinander **multipliziert**, indem man Zähler mit Zähler und Nenner mit Nenner multipliziert.
> Durch einen Bruchterm wird **dividiert**, indem man mit seinem Kehrterm multipliziert.

Beispiel 3 Multiplizieren
Multipliziere: a) $\frac{5a^2}{3b} \cdot \frac{15b^2}{2a}$ b) $\frac{6r^2 - 6rs}{r^2 - s^2}(2r + 2s)$
Lösung:
Vor der Multiplikation der Zähler und der Nenner prüfe erst, ob man kürzen kann.
a) $\frac{5a^2}{3b} \cdot \frac{15b^2}{2a} = \frac{5a^2 \cdot 15b^2}{3b \cdot 2a} = \frac{5a \cdot 5b}{2} = \frac{25ab}{2}$ (für $a \neq 0$; $b \neq 0$)

b) *Um kürzen zu können, muss man hier Zähler und Nenner erst in Faktoren zerlegen.*
$\frac{6r^2 - 6rs}{r^2 - s^2}(2r + 2s) = \frac{(6r^2 - 6rs)(2r + 2s)}{r^2 - s^2} = \frac{6r(r-s) \cdot 2(r+s)}{(r-s)(r+s)} = \frac{6r \cdot 2}{1} = 12r$ (für $r \neq s$; $r \neq -s$)

Beispiel 4 Dividieren
Dividiere. Kürze so weit wie möglich: a) $\frac{5y^2}{4x} : \frac{y}{2x^2}$ b) $\frac{3a+3}{a+3} : \frac{6+6a}{9-a^2}$
Lösung:
a) $\frac{5y^2}{4x} : \frac{y}{2x^2} = \frac{5y^2}{4x} \cdot \frac{2x^2}{y} = \frac{5y^2 \cdot 2x^2}{4x \cdot y} = \frac{5xy}{2}$ (für $x \neq 0$; $y \neq 0$)
Beide Brüche müssen definiert und der Zähler des Divisors von 0 verschieden sein.
b) $\frac{3a+3}{a+3} : \frac{6+6a}{9-a^2} = \frac{3a+3}{a+3} \cdot \frac{9-a^2}{6+6a} = \frac{3(a+1)(3+a)(3-a)}{(a+3) \cdot 6 \cdot (a+1)} = \frac{(3-a)}{2}$ (für $a \neq -3$; $a \neq 3$; $a \neq -1$)

15

III Funktionen

1 Funktionen

Funktionen sind eindeutige Zuordnungen.

Eine Zuordnung, die jedem ersten Wert jeweils nur einen Wert zuordnet, nennt man eine **Funktion**. Die Menge aller ersten Werte einer Funktion nennt man die **Definitionsmenge der Funktion**.

Bezeichnungen und Schreibweisen:
Häufig bezeichnet man Funktionen mit kleinen Buchstaben wie f, g, h.

Beachte:
Ist über die Definitionsmenge einer Funktion nicht Besonderes angegeben, so ist stets die größtmögliche Definitionsmenge gemeint.
Die Definitionsmenge der Funktion
h: x ↦ $\frac{1}{x^2-1}$
ist also die Menge aller rationalen Zahlen außer 1 und −1.

Schreibweise: Bedeutung:
Funktionsname   Funktionsterm   Die Funktion f ordnet jeder rationalen Zahl x die Zahl zu, die um 3 kleiner ist als das 4-fache der Zahl x.

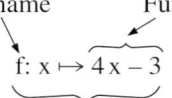

f: x ↦ 4x − 3

Funktionsvorschrift.

oder   f(x) = 4x − 3   (gelesen: f von x gleich 4x − 3)

f: 5 ↦ 17   oder   f(5) = 17   Die Funktion f ordnet der Zahl 5
(gelesen: f von 5 gleich 17)   die Zahl 17 zu.

Man nennt f(5) den **Funktionswert von f an der Stelle 5**.

> Eine Funktion f ordnet jedem Element x einer Definitionsmenge genau einen Funktionswert f(x) zu.

Die grafische Darstellung von Funktionen erfolgt in einem **Koordinatensystem**, wobei man die 1. Achse als **x-Achse** und die 2. Achse als **y-Achse** bezeichnet.

> Der Graph einer Funktion f besteht aus allen Punkten P(x|f(x)) in einem Koordinatensystem.

Beispiel
a) Zeichne den Graphen der Funktion f: x ↦ |x − 1| + $\frac{1}{2}$x − 3 für −4 ≤ x ≤ 4.
b) Lies den Funktionswert f(−2,5) an der Zeichnung ab.
c) Lies an der Zeichnung ab: Für welchen x-Wert gilt f(x) = −1,5?
Lösung:

Beachte:
Eine Funktion ordnet jedem x-Wert höchstens einen y-Wert zu. Deshalb kann ein Funktionsgraph eine Parallele zur y-Achse in höchstens einem Punkt schneiden.

a) *Lege für x-Werte zwischen −4 und 4 eine Wertetabelle mit der Schrittweite 1 an. Trage die berechneten Punkte in ein Koordinatensystem ein (in der Figur rechts als schwarze Punkte eingezeichnet).*
b) *Hier ist der x-Wert gegeben, deshalb beginnt der hellgraue Pfeil auf der x-Achse.*
Es gilt f(−2,5) = −0,75.
c) *Hier ist der y-Wert gegeben, deshalb beginnt der dunkelgraue Pfeil auf der y-Achse. Er schneidet den Graphen zweimal, also gibt es zwei Lösungen.*
Für x = −1 und x ≈ 1,6 gilt f(x) = −1,5.

x	−4	−3	−2	−1	0	1	2	3	4
f(x)	0	−0,5	−1	−1,5	−2	−2,5	−1	0,5	2

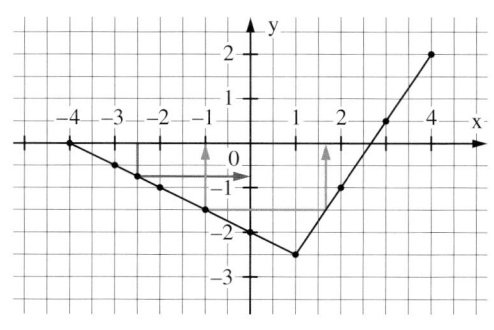

2 Proportionale und antiproportionale Funktionen

Es gilt auch:
Wenn der Graph einer Funktion eine Gerade durch den Ursprung ist, ist die Funktion eine proportionale Funktion. Auf diese Art wird häufig bei Messergebnissen untersucht, ob es sich um eine proportionale Funktion handeln kann.

Jede Funktion $f: x \mapsto mx$ mit $m \in \mathbb{Q}$ nennt man eine **proportionale Funktion**.
Der Graph einer solchen Funktion ist eine Gerade durch den Ursprung und den Punkt $P(1|m)$.
Der Faktor m heißt **Steigung des Graphen**.
Ist $m > 0$, dann wächst die Funktion.
Ist $m < 0$, dann fällt die Funktion.
Ist $m = 0$, dann ist der Graph die x-Achse.

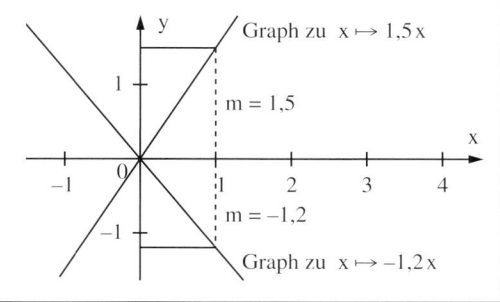

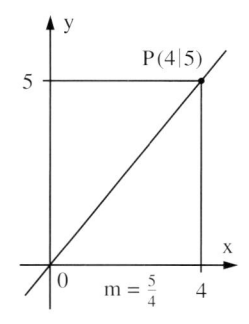

Für eine proportionale Funktion
$f: x \mapsto mx$ gilt:
1. Zum Doppelten, zum Halben, ..., zum r-fachen des x-Wertes gehört das entsprechende Vielfache des y-Wertes.
2. Die Quotienten zugeordneter Größen sind alle gleich m, d. h. $\frac{f(x)}{x} = m$ für alle x. Man nennt daher m auch den **Proportionalitätsfaktor**.
3. Wenn x um a zunimmt, so ändert sich $f(x)$ um $m \cdot a$.
4. m ist der Funktionswert von 1: $f(1) = m$.

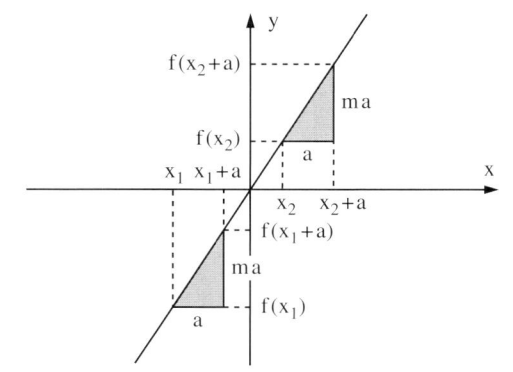

Beispiel 1
Gib zu den Graphen die Funktionsvorschriften an.
Lösung:
Zu f: *Der Punkt (1|2,5) liegt auf dem Graphen.*
Die Funktionsvorschrift ist $x \mapsto 2,5x$.
Zu g: *Der Funktionswert f(1) ist nur sehr ungenau ablesbar. Der Punkt (7|−2) liegt genau auf dem Graphen, also ist die Steigung $m = \frac{f(7)}{7} = \frac{-2}{7}$.*
Die Funktionsvorschrift ist $x \mapsto -\frac{2}{7}x$.

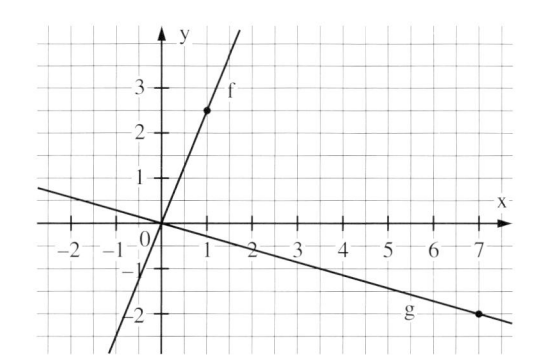

Beispiel 2
Zeichne die Graphen der Funktionen.
a) $f: x \mapsto -2x$ b) $g: x \mapsto \frac{2}{3}x$
Lösung:
a) *Der Graph ist eine Gerade durch den Ursprung und den Punkt $P(1|-2)$.*
b) *Der Punkt $(1|\frac{2}{3})$ lässt sich nur ungenau zeichnen. Für $x = 3$ erhält man $g(x) = 2$. Der Graph von g ist also eine Gerade durch den Ursprung und $Q(3|2)$.*

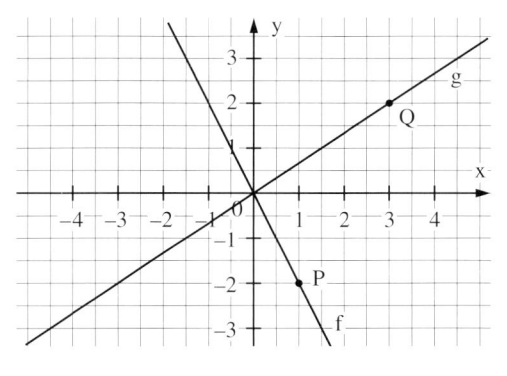

Funktionen

Beispiel 3
Überprüfe, ob die Wertetabelle zu einer proportionalen Funktion gehören kann.

Länge in m	3	5	7	13,5
Gewicht in kg	13,5	22,5	31,5	60,75

Berechne für alle Paare zugeordneter Größen den Quotienten 2. Größe : 1. Größe (= Gewicht : Länge). Nur wenn alle diese Quotienten gleich sind, kann eine proportionale Funktion vorliegen.
Lösung: Es gilt $\frac{13,5}{3} = 4,5$; $\frac{22,5}{5} = 4,5$; $\frac{31,5}{7} = 4,5$; $\frac{60,75}{13,5} = 4,5$.
Also kann die Tabelle zu der proportionalen Funktion mit dem Proportionalitätsfaktor m = 4,5 gehören. Die Funktion lautet f: $x \mapsto 4,5 \cdot x$.

Um den Graphen einer antiproportionalen Funktion zeichnen zu können muss man zunächst eine Wertetabelle anlegen und anschließend die Punkte rechts bzw. links von der y-Achse miteinander verbinden.

Jede Funktion f: $x \mapsto a \cdot \frac{1}{x}$ mit $a \in \mathbb{Q}$ nennt man eine **antiproportionale Funktion**. Den Graph einer solchen Funktion nennt man **Hyperbel**.

f: $x \mapsto \frac{1}{2} \cdot \frac{1}{x}$
g: $x \mapsto 2 \cdot \frac{1}{x}$

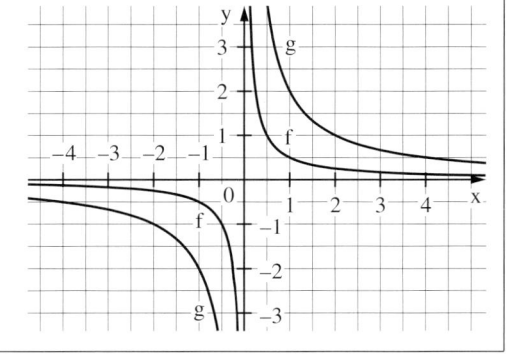

Für eine antiproportionale Funktion f: $x \mapsto a \cdot \frac{1}{x}$ gilt:
1. Zum Doppelten, zum Halben, ..., zum r-fachen der 1. Größe gehört die Hälfte, das Doppelte, ..., der r-te Teil der 2. Größe.
2. Die Produkte zugeordneter Größen sind alle gleich a, d.h. $f(x) \cdot x = a$ für alle x.
3. a ist der Funktionswert von 1, d.h. $f(1) = a$.

Beispiel 4
Kann die Wertetabelle zu einer antiproportionalen Funktion gehören?

x	10	36	45	120
f(x)	0,9	0,25	0,2	0,07

Lösung:
Berechne für die Paare zugeordneter Werte die Produkte. Nur wenn alle diese Produkte gleich groß sind, kann eine antiproportionale Funktion vorliegen.
$10 \cdot 0,9 = 9$; $36 \cdot 0,25 = 9$; $45 \cdot 0,2 = 9$; $120 \cdot 0,075 = 9$.
Also kann diese Wertetabelle zur antiproportionalen Funktion f: $x \mapsto 9 \cdot \frac{1}{x}$ gehören.

Beispiel 5
Kann diese Wertetabelle zu einer antiproportionalen Zuordnung gehören?

x	1000	2000	3000	4000	5000
f(x)	25	12,5	10	6,25	5

Lösung:
Berechne für alle Paare zugeordneter Größen die Produkte 1. Größe · 2. Größe.
$1000 \cdot 25 = 25\,000$; $2000 \cdot 12,5 = 25\,000$; $3000 \cdot 10 = 30\,000$; $4000 \cdot 6,25 = 25\,000$; $5000 \cdot 5 = 25\,000$.
Da nicht alle Produkte das gleiche Ergebnis haben, liegt in diesem Fall keine antiproportionale Funktion vor.

Wenn eine Funktion nicht proportional ist, so braucht sie nicht antiproportional zu sein.

3 Lineare Funktionen

*Beachte: Für eine lineare Funktion $f: x \mapsto mx + n$ gilt wie für proportionale Funktionen:
Wenn x um a zunimmt, so ändert sich f(x) um $m \cdot a$, denn*
$f: x + a \mapsto m(x + a) + n$
$\qquad = mx + ma + n.$

> Eine Funktion $f: x \mapsto mx + n$ mit $m, n \in \mathbb{Q}$ heißt **lineare Funktion**.

> Der Graph einer linearen Funktion $f: x \mapsto mx + n$ ist eine Gerade.
> Den Faktor m nennt man die **Steigung** der Geraden.
> Der Summand n gibt an, wo der Graph die y-Achse schneidet, und heißt **y-Achsenabschnitt des Graphen**.

linea recta (lat.): gerade Linie

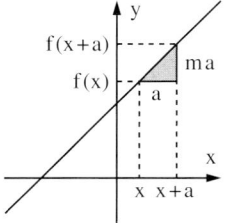

Um z. B. eine Gerade mit der Steigung $-\frac{2}{3}$ zu zeichnen, kannst du auch vom Schnittpunkt mit der y-Achse aus 3 nach rechts und 2 nach unten gehen. Ist $m > 0$, gehe nach oben, ist $m < 0$, gehe nach unten.

Beispiel 1 Graphen zeichnen.
Zeichne die Graphen für $-3 \leq x \leq 3$.
a) $f: x \mapsto 2x - 4$ b) $g: x \mapsto -3x + 2$ c) $h: x \mapsto \frac{4}{3}x - 2$
Lösung:

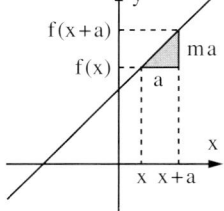

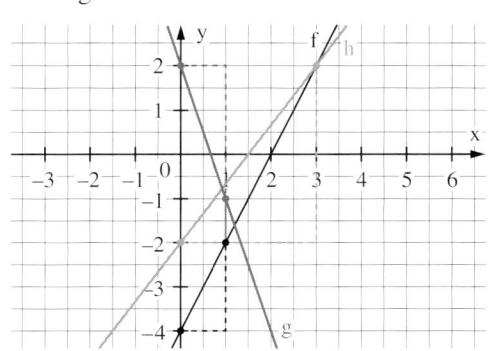

Schnellzeichnen des Graphen zu einer linearen Funktion $x \mapsto mx + n$.
1. Der Graph schneidet die y-Achse im Punkt $P(0|n)$. Markiere diesen Punkt.
2. Gehe vom Schnittpunkt des Graphen mit der y-Achse um 1 nach rechts und um den Betrag von m nach oben oder unten. Markiere diesen Punkt.
3. Die Gerade durch die beiden markierten Punkte ist der Graph der Funktion.

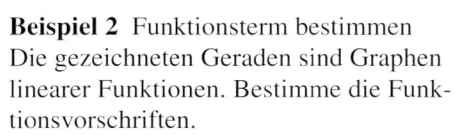

Beispiel 2 Funktionsterm bestimmen
Die gezeichneten Geraden sind Graphen linearer Funktionen. Bestimme die Funktionsvorschriften. 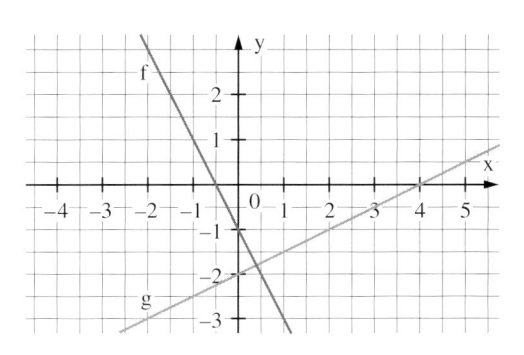
Eine Funktionsvorschrift für eine lineare Funktion ist von der Form $x \mapsto mx + n$.
Der Graph schneidet die y-Achse in $(0|n)$.
Wird ein x-Wert um 1 erhöht, so „wächst" der Funktionswert um m.
Lösung:
a) $f: x \mapsto -2x - 1$ b) $g: x \mapsto \frac{1}{2}x - 2$

Beispiel 3
Ein Lastzug hat 8 t Leergewicht. Der Lastzug wird mit Kies beladen, der 2 t je m³ wiegt. Stelle eine Zuordnungsvorschrift für die Funktion
Kiesladung (in m³) $\mapsto$ Gesamtgewicht (in t) auf.
Lösung:
Das Gewicht des Kies nimmt gleichmäßig mit seinem Volumen zu, also ist die gesuchte Funktion linear mit einem Term der Form $mx + n$. n gibt den Funktionswert zum Beginn des Ladevorgangs an; m gibt die Änderung des Gewichts pro m³ an.
Die Zuordnungsvorschrift lautet $x \mapsto 2x + 8$.

Funktionen

Der Graph einer linearen Funktion ist eine Gerade. Eine Gerade kann man zeichnen, wenn man einen Punkt der Geraden und ihre „Richtung" kennt, oder wenn man zwei Punkte der Geraden kennt.

Sind $P_1(x_1|f(x_1))$ und $P_2(x_2|f(x_2))$ zwei verschiedene Punkte auf dem Graphen der linearen Funktion $f: x \mapsto mx + n$, dann gilt:
$$m = \frac{f(x_2) - f(x_1)}{x_2 - x_1}$$
Ein rechtwinkliges Dreieck wie in der Figur rechts heißt daher **Steigungsdreieck**.

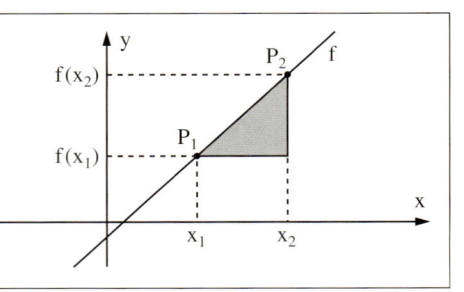

Beispiel 4
Eine lineare Funktion f hat die Steigung $-3,5$ und es gilt $f(3) = 5$. Bestimme eine Funktionsvorschrift für f.
Lösung:
f ist linear, also gilt: $f(x) = mx + n$.

$f(x) = -3,5x + n$	*Die Steigung von f ist $-3,5$*
$f(3) = 5$	*Einsetzen von 3 in den Funktionsterm*
$-3,5 \cdot 3 + n = 5$	
Also $n = 5 + 3,5 \cdot 3 = 15,5$	*Auflösen nach n*

Die Funktionsvorschrift lautet $x \mapsto -3,5x + 15,5$.

Eine lineare Funktion ist bereits festgelegt, wenn man
– einen x-Wert mit dem zugehörigen Funktionswert und die Steigung des Graphen kennt oder
– zwei x-Werte mit den zugehörigen Funktionswerten kennt.

Beispiel 5
Für eine lineare Funktion f gilt: $f(2) = 3,5$ und $f(7) = -3,2$. Bestimme eine Funktionsvorschrift für f.
Lösung:
f ist linear, also gilt: $f(x) = mx + n$.
Die Punkte $P_1(2|3,5)$ und $P_2(7|-3,2)$ liegen auf dem Graphen von f.

$m = \frac{f(7) - f(2)}{7 - 2} = \frac{-6,7}{5} = -1,34$	*Berechnung der Steigung aus dem Steigungsdreieck*
$f(x) = -1,34x + n$	*Die Steigung von f ist $-1,34$*
$f(2) = 3,5: -1,34 \cdot 2 + n = 3,5$	*Einsetzen von 2 in den Funktionsterm*
$n = 3,5 + 1,34 \cdot 2 = 6,18$	*Auflösen nach n*

Die Funktionsvorschrift lautet: $x \mapsto -1,34x + 6,18$.

Beispiel 6 Lineare Gleichungen und lineare Funktionen

Man kann eine Gleichung der Form $ax + b = c$ rechnerisch oder zeichnerisch lösen. Die rechnerische Lösung erhält man durch Äquivalenzumformungen. Die zeichnerische Lösung erhält man wie in Beispiel 6.
*Einen Sonderfall erhält man, wenn man die Gleichung $ax + b = 0$ löst. In diesem Fall berechnet man die Stelle, an der der Graph von f die x-Achse schneidet. Die x-Koordinate einer Schnittstelle eines Funktionsgraphen mit der x-Achse nennt man daher auch **Nullstelle der Funktion f**.*

Löse die Gleichungen rechnerisch und zeichnerisch.
a) $3x - 4 = 5$ b) $3x - 4 = 0$
Lösung:
rechnerisch:

a) $3x - 4 = 5 \quad | +4$ b) $3x - 4 = 0 \quad | +4$
$3x = 9 \quad | :3$ $3x = 4 \quad | :3$
$x = 3$ $x = \frac{4}{3}$

Am Graphen von $f: x \mapsto 3x - 4$ findest du die Lösung der Gleichung a), indem du abliest, an welcher Stelle die Funktion f den Wert 5 annimmt.
Die Lösung der Gleichung b) ist die Nullstelle von f, es ist die Stelle, an der der Graph von f die x-Achse schneidet.

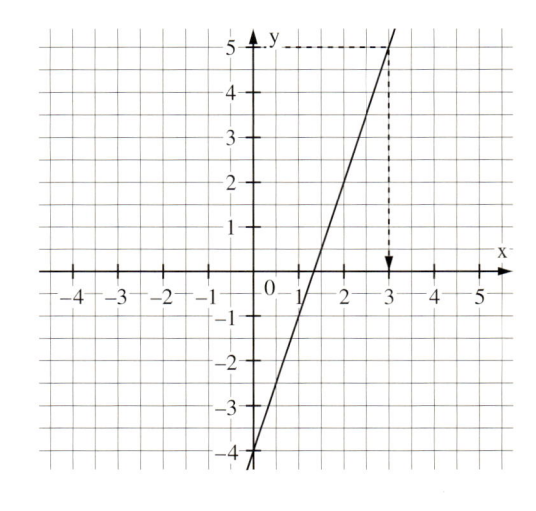

IV Dreisatz, Prozentrechnung, Zinsrechnung

1 Sachrechnen mit proportionalen und antiproportionalen Funktionen (Dreisatz)

*Der Name **Dreisatz** für das Rechenschema kommt daher, dass drei Größen „gesetzt", d. h. gegeben sind, und daraus die vierte Größe berechnet wird.*

In vielen Sachaufgaben ist eine Zuordnung (Funktion), ein Paar zugeordnete Größen und eine dritte Größe gegeben. Die der dritten Größe zugeordnete vierte Größe ist zu berechnen. Wenn die Zuordnung proportional oder antiproportional ist, kann man die zu berechnende vierte Größe mit einem Dreisatzschema bestimmen.

Beispiel 1
a) 25 l einer Wandfarbe reichen zum Streichen von 120 m² Wandfläche. Wie viel m² Wandfläche kann man mit 7 l dieser Wandfarbe streichen?
b) Aus einem Baumstamm können 25 Bretter mit einer Dicke von je 6 cm gesägt werden. Wie dick können die Bretter sein, wenn man nur 12 Bretter benötigt?
Gehe am besten schrittweise vor.
1. Überlege, ob die Aufgabe eine Zuordnung enthält.
2. Überprüfe, ob diese Zuordnung proportional oder antiproportional ist.
3. Lege eine Tabelle mit drei Zeilen an; trage die bekannten Größen (in den Beispielen grau unterlegt) in die erste und letzte Zeile ein.
4. Suche eine passende Zwischengröße auf der Seite der Tabelle, auf der schon zwei Größen eingetragen sind.
5. Berechne nun die fehlenden Größen.
Lösung:
a) Es handelt sich um eine Zuordnung *Menge der Farbe in l → streichbare Fläche in m²*. Diese Zuordnung ist proportional, denn z. B. kann man mit der doppelten Menge Farbe eine doppelt so große Fläche streichen.

proportionale Zuordnung:
Auf beiden Seiten der Tabelle werden die gleichen Rechnungen ausgeführt.

Text	Tabelle		Kurzform
	Menge der Farbe	Fläche	
25 l reichen für 120 m²:	25 l	120 m²	25 l ↦ 120 m²
	: 25	: 25	
1 l reicht für den 25. Teil:	1 l	4,8 m²	1 l ↦ 4,8 m²
120 m² : 25 = 4,8 m².	· 7	· 7	
7 l reichen für 7mal so viel:	7 l	33,6 m²	7 l ↦ 33,6 m²
4,8 m² · 7 = 33,6 m².			

Ergebnis: 7 l dieser Wandfarbe reichen zum Streichen von 33,6 m² Wandfläche.

b) Es handelt sich um eine Zuordnung *Anzahl der Bretter → Dicke der Bretter*. Diese ist antiproportional, denn z. B. wenn man die Anzahl der Bretter verdoppelt, muss sich deren Dicke halbieren.

antiproportionale Zuordnung:
Auf der rechten Seite der Tabelle wird jeweils die „Umkehrung" zur Rechnung auf der linken Seite der Tabelle ausgeführt.

Text	Tabelle		Kurzform
	Anzahl	Dicke	
Bei 25 Brettern kann jedes	25	6 cm	25 Bretter ↦ 6 cm
Brett 6 cm breit sein.	: 25	· 25	
1 Brett kann 25-mal so dick	1	150 cm	1 Brett ↦ 150 cm
sein: 25 · 6 cm = 150 cm.	· 12	: 12	
Bei 12 Brettern ist jedes ein	12	12,5 cm	12 Bretter ↦ 12,5 cm
Zwölftel von 150 cm dick:			
150 cm : 12 = 12,5 cm.			

Ergebnis: Die Bretter können 12,5 cm dick sein.

Dreisatz, Prozentrechnung, Zinsrechnung

Beispiel 2 Geschicktes Rechnen

a) Das Rad eines Fahrrads legt bei 24 Umdrehungen 52,8 m zurück. Wie viel m legt es bei 18 Umdrehungen zurück?
Hier ist es nicht nötig, über die Einheit zu gehen. 24 und 18 haben den gemeinsamen Teiler 6, also kann man 6 als Zwischenwert nehmen.
Lösung:
Die Zuordnung *Anzahl Umdrehungen → zurückgelegte Strecke* ist porportional.

Anzahl	Strecke
24	52,8 m
6	13,2 m
18	39,6 m

:4 (24 / 6) :4 ; ·3 (6 / 18) ·3

Ergebnis: Bei 18 Umdrehungen legt das Rad 39,6 m zurück.

b) 6 m³ eines Materials wiegen 112 kg. Wie viel kg wiegen 15 m³ des gleichen Materials?
Manchmal ist es günstig, die Zwischenergebnisse als Brüche zu schreiben und den letzten Bruch möglichst vor dem Ausrechnen zu kürzen.
Lösung:
Die Zuordnung *Volumen → Gewicht* ist porportional.

Volumen	Gewicht
6 m³	112 kg
1 m³	$\frac{112}{6}$ kg
15 m³	$\frac{112 \cdot 15}{6}$ kg = 280 kg

:6 und ·15

Ergebnis: 15 m³ des Materials wiegen 280 kg.

Beispiel 3 Zusammengesetzte Zuordnungen

Vier Arbeiter pflastern eine 20 m lange und 4 m breite Garageneinfahrt in 8 Stunden. Wie lange brauchen drei Arbeiter für eine 5 m breite und 8 m lange Einfahrt?
Lösung: *Gehe am besten schrittweise vor:*
1. Schritt: Überlege, welche Zuordnungen die Aufgabe enthält. Sind sie proportional, sind sie antiproportional? Welche anderen Größen dürfen sich dabei nicht ändern?
2. Schritt: Zerlege die Aufgabe entsprechend in zwei Teilaufgaben und löse diese dann nacheinander.
1. Schritt: Die Aufgabe enthält zwei Zuordnungen:
Die proportionale Zuordnung
Anzahl der Arbeiter → gepflasterte Fläche in m² bei gleicher Arbeitszeit;
die proportionale Zuordnung
gepflasterte Fläche in m² → Arbeitszeit in h bei gleicher Anzahl der Arbeiter.
2. Schritt:

Bei einer Arbeitszeit von 8 Stunden

Anzahl der Arbeiter	gepflasterte Fläche
4	80 m²
1	20 m²
3	60 m²

:4 und ·3

Bei einer Anzahl von 3 Arbeitern

gepflasterte Fläche	Arbeitszeit
60 m²	8 h
20 m²	2 h 40 min
40 m²	5 h 20 min

:3 und ·2

Ergebnis: Drei Arbeiter benötigen 5 h 20 min für das Pflastern von 40 m².

Neben diesem Lösungsweg gibt es noch weitere Möglichkeiten:
Man kann im 2. Schritt erst die Zuordnung gepflasterte Fläche → Arbeitszeit für vier Arbeiter betrachten und danach die Zuordnung Anzahl der Arbeiter → gepflasterte Fläche für eine Arbeitszeit von 8 Stunden.
Man kann schon im ersten Schritt andere Zuordnungen betrachten:
z. B. Anzahl der Arbeiter → Arbeitszeit bei gleicher Pflasterfläche (antiproportional); gepflasterte Fläche → Arbeitszeit bei gleicher Zahl von Arbeitern (proportional). Im 2. Schritt sind dann diese beiden Zuordnungen anzuwenden.

2 Prozentbegriff – Berechnen des Prozentwertes

Den zu einem Anteil wie „6 von 25" gehörenden Bruch erhält man, indem man 6 als Zähler und 25 als Nenner des Bruchs nimmt.
6 von 25 Frauen:
$\frac{6}{25} = \frac{24}{100} = 0{,}24 = 24\%$.
„Jede 5. Frau" bedeutet:
„1 von 5 Frauen":
$\frac{1}{5} = \frac{20}{100} = 0{,}2 = 20\%$.

Um Anteile besser vergleichen zu können, gibt man sie häufig in Prozent (Hundertstel) an.

$$1\% = \frac{1}{100}; \quad p\% = \frac{p}{100}$$

Beispiel 1
Verwandle in Prozent: a) $\frac{4}{5}$ b) $\frac{5}{8}$ c) $\frac{5}{6}$ d) $\frac{9}{8}$

Lösung:

1. Möglichkeit
Verwandle den Bruch in Hundertstel.
Dabei kann im Zähler ein Bruch entstehen.

a) $\frac{4}{5} = \frac{80}{100} = 80\%$

b) $\frac{5}{8} = \frac{5 \cdot 125}{8 \cdot 125} = \frac{625}{1000} = \frac{62{,}5}{100} = 62{,}5\%$

c) $\frac{5}{6} = \frac{250}{300} = \frac{\frac{250}{3}}{100} = \frac{83\frac{1}{3}}{100} = 83\frac{1}{3}\%$

d) $\frac{9}{8} = \frac{1125}{1000} = \frac{112{,}5}{100} = 112{,}5\%$

2. Möglichkeit
Schreibe den Bruch als Quotienten und dividiere. Verwandle dann in Prozent.

a) $\frac{4}{5} = 4 : 5 = 0{,}8 = 80\%$

b) $\frac{5}{8} = 5 : 8 = 0{,}625 = 62{,}5\%$

c) $\frac{5}{6} = 5 : 6 = 0{,}8333\ldots = 83{,}33\ldots\% = 83\frac{1}{3}\%$

d) $\frac{9}{8} = 9 : 8 = 1{,}125 = 112{,}5\%$

Ist wie in d) der Bruch größer als 1, so ergeben sich mehr als 100%.

$\frac{1}{2} = 0{,}5 = 50\%$
$\frac{1}{3} = 0{,}333\ldots = 33\frac{1}{3}\%$
$\frac{1}{4} = 0{,}25 = 25\%$
$\frac{1}{5} = 0{,}2 = 20\%$
$\frac{1}{6} = 0{,}166\ldots = 16\frac{2}{3}\%$
$\frac{1}{8} = 0{,}125 = 12{,}5\%$
$\frac{1}{10} = 0{,}1 = 10\%$
$\frac{1}{20} = 0{,}05 = 5\%$

Berechnet man 20% von 300 €, so erhält man 60 €.
Hierbei nennt man   20%   den **Prozentsatz**,
                    300 € den **Grundwert**,
                    60 €   den **Prozentwert**.

Berechnung des Prozentwertes:
Gegeben: Grundwert G, Prozentsatz p%. Gesucht: Prozentwert P

1. Möglichkeit: mit Bruchrechnung	2. Möglichkeit: mit Dreisatzschema
Prozentwert = Grundwert · Prozentsatz	Dem Grundwert wird 100% zugeordnet.
Formel:	$100\% \mapsto G$
$P = G \cdot \frac{p}{100}$	$1\% \mapsto \frac{G}{100}$
	$p\% \mapsto \frac{G}{100} \cdot p = P$

Bei der Benutzung des Taschenrechners ist die Bestimmung des Prozentwertes durch Multiplizieren mit dem Dezimalbruch besonders günstig.

Beispiel 2
Berechne 15% von 37 kg.

Lösung mit der Bruchrechnung:
$P = 37\,\text{kg} \cdot \frac{15}{100}$
$ = 37\,\text{kg} \cdot 0{,}15$
$ = 5{,}55\,\text{kg}$

Lösung mit dem Dreisatzschema:
$100\% \mapsto 37\,\text{kg}$
$1\% \mapsto 0{,}37\,\text{kg}$ (= 37 kg : 100)
$15\% \mapsto 5{,}55\,\text{kg}$ (= 0,37 kg · 15)

Beispiel 3
Frau Meister kauft einen Kühlschrank für 635 €. Bei sofortiger Zahlung, man nennt das Barzahlung, erhält sie 3% „Skonto". Das bedeutet, sie erhält einen Preisnachlass in Höhe von 3% des Kaufpreises. Berechne Skonto und den Preis bei Barzahlung.

Lösung:
Skonto: P = 635 € · 0,03 = 19,05 €. Barzahlungspreis: 635 € · 0,97 = 615,95 €.

Man kann den Preis bei Barzahlung natürlich auch als Differenz von 635 € und dem Skonto von 19,05 € berechnen.

3 Berechnen des Grundwertes und des Prozentsatzes

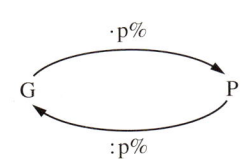

Berechnung des Grundwertes:
Gegeben: Prozentwert P, Prozentsatz p%. Gesucht: Grundwert G.

1. Möglichkeit:

Grundwert = $\frac{\text{Prozentwert}}{\text{Prozentsatz}}$

Formel:
$$G = P : \frac{p}{100}$$

2. Möglichkeit:

$p\% \mapsto P$

$1\% \mapsto \frac{P}{p}$

$100\% \mapsto \frac{P}{p} \cdot 100 = G$

Beispiel 1
Berechne den Grundwert G, wenn der Prozentwert 40 € und der Prozentsatz 8 % beträgt.

Lösung mit Bruchrechnung:
G = 40 € : $\frac{8}{100}$
G = 40 € : 0,08
G = 500 €

Lösung mit dem Dreisatzschema:
8 % ↦ 40 €
1 % ↦ 5 €   (= 40 € : 8)
100 % ↦ 500 €   (= 5 € · 100)

Beispiel 2
Der Preis für eine Hose wird um 15 % auf 72,25 € herabgesetzt. Berechne den alten Preis.
Hier sind die 72,25 € genau 100 % − 15 % = 85 % des alten Preises.
Lösung mit der Bruchrechnung: Der alte Preis beträgt G = 72,25 € : 0,85 = 85 €.

Berechnung des Prozentsatzes:
Gegeben: Grundwert G, Prozentwert P. Gesucht: Prozentsatz p%.

1. Möglichkeit:

Prozentsatz = $\frac{\text{Prozentwert}}{\text{Grundwert}}$

Formel:
$$p\% = \frac{p}{100} = \frac{P}{G}$$

2. Möglichkeit:

$G \mapsto 100\%$

$1 \mapsto \frac{100}{G}\%$

$P \mapsto \frac{100}{G} \cdot P\% = p\%$

Beispiel 3
Von den 1146 Schülern einer Schule kommen nach einer Befragung regelmäßig 293 mit dem Bus. Berechne den Anteil der mit dem Bus kommenden Schüler in Prozent. Runde auf Zehntel-Prozent.

Lösung durch Division:
$p\% = \frac{293}{1146} = 293 : 1146$
$= 0,2556\ldots$
$\approx 0,256 = 25,6\%$

Lösung mit dem Dreisatzschema:
$1146 \mapsto 100\%$
$1 \mapsto \frac{100}{1146}\%$
$293 \mapsto \frac{100}{1146} \cdot 293\% \approx 25,6\%$

Bei Benutzung des Taschenrechners ist die Bestimmung des Prozentsatzes durch Dividieren besonders günstig. Beim entstehenden Dezimalbruch braucht man dann nur noch das Komma um 2 Stellen nach rechts zu verschieben.

Beispiel 4
Bei einer Überprüfung von 250 Fahrrädern wurden bei 73 Fahrrädern leichte und bei 17 Fahrrädern schwere Mängel festgestellt. Bestimme die absoluten und relativen Häufigkeiten.
Lösung durch Division:
leichte Mängel: absolute Häufigkeit: 73;   relative Häufigkeit: 73 : 250 = 0,292 = 29,2 %
schwere Mängel: absolute Häufigkeit: 17;   relative Häufigkeit: 17 : 250 = 0,068 = 6,8 %

Zur Erinnerung:
relative Häufigkeit
= $\frac{\text{absolute Häufigkeit}}{\text{Gesamtzahl}}$

Dreisatz, Prozentrechnung, Zinsrechnung

4 Zinsrechnung

Die Zinsrechnung ist eine Anwendung der Prozentrechnung. Dabei entsprechen
das Kapital dem Grundwert,
der Zinssatz dem Prozentsatz,
die Jahreszinsen dem Prozentwert.

*Zahlt man auf ein Sparkonto ein, so erhält man dafür von der Bank oder Sparkasse **Zinsen**. Will man sich umgekehrt Geld leihen (man sagt dazu auch, einen Kredit oder ein Darlehen bekommen), so muss man dafür Zinsen bezahlen. Den gesparten bzw. geliehenen Geldbetrag nennt man in der Zinsrechnung **Kapital**. Die Zinsen für ein Jahr, die **Jahreszinsen**, werden meistens in Prozent des Kapitals angegeben.*

Beispiel 1

a) Ein Kapital von 350 € wird mit einem Zinssatz von 3 % verzinst. Berechne die Jahreszinsen.
b) Für ein Kapital erhält man bei einem Zinssatz von 8,5 % jährlich 2550 € Zinsen. Berechne das Kapital.
c) Für ein Darlehen von 5000 € müssen jährlich 600 € Zinsen gezahlt werden. Berechne den Zinssatz.

Lösung:

a) *Hier sind das Kapital und der Zinssatz gegeben, die Jahreszinsen, also der Prozentwert sind zu berechnen.*

1. Möglichkeit:
Jahreszinsen = Kapital · Zinssatz
350 € · 0,03 = 10,50 €

2. Möglichkeit:
100 % ↦ 350 €
1 % ↦ 3,50 €
3 % ↦ 10,50 €

b) *Hier sind die Jahreszinsen und der Zinssatz gegeben, das Kapital, also der Grundwert ist gesucht.*

1. Möglichkeit:
Kapital = $\frac{\text{Jahreszinsen}}{\text{Zinssatz}}$
2550 € : 0,085 = 30 000 €

2. Möglichkeit:
8,5 % ↦ 2550 €
1 % ↦ 300 €   (= 2550 € : 8,5)
100 % ↦ 30 000 €   (= 300 € · 100)

c) *Hier ist der Zinssatz, also der Prozentsatz der Jahreszinsen gesucht.*

1. Möglichkeit:
Zinssatz = $\frac{\text{Zinsen}}{\text{Kapital}}$
$\frac{600\,€}{5000\,€} = 0{,}12 = 12\,\%$

2. Möglichkeit:
5000 € ↦ 100 %
1 € ↦ $\frac{100}{5000}$ %
600 € ↦ $\frac{100}{5000} \cdot 600\,\% = 12\,\%$

In der Zinsformel werden durch $K \cdot \frac{p}{100}$ die Jahreszinsen berechnet.

Durch Multiplikation mit $\frac{t}{360}$ werden die Tageszinsen als Anteil der Jahreszinsen bestimmt.

Berechnung der Tageszinsen Z_t für t Tage:
Gegeben: Kapital K, Zinssatz p %, Laufzeit t. Gesucht: Tageszinsen Z_t

1. Möglichkeit:
Formel:
$$Z_t = K \cdot \frac{p}{100} \cdot \frac{t}{360}$$

2. Möglichkeit:
Mit dem Dreisatzschema:
1. Schritt: Berechne die Jahreszinsen.
2. Schritt: Berechne die Zinsen für t Tage.

*Man kann die Aufgabe auch so lösen:
Berechne erst einmal die Jahreszinsen, wie du es gewohnt bist.
Bestimme dann davon den Anteil $\frac{27}{360}$.*

Beispiel 2

Ein Konto wird 27 Tage lang um 650 € überzogen. Der Zinssatz für diesen Kredit beträgt 12,5 %. Berechne die Zinsen.

Lösung: *In die Formel ist einzusetzen: 650 € für das Kapital, 12,5 für p; 27 für t.*
$Z_{27} = 650\,€ \cdot 0{,}125 \cdot \frac{27}{360} = 650\,€ \cdot 0{,}125 \cdot \frac{3}{40} = 6{,}09375\,€ \approx 6{,}09\,€.$

V Gleichungen

1 Äquivalenzumformungen von Gleichungen

*Zahlen, die beim Einsetzen in eine Gleichung (oder Ungleichung) zu einer wahren Aussage führen, heißen **Lösungen** dieser Gleichung. Die Menge L aller Lösungen einer Gleichung heißt ihre **Lösungsmenge**.*
*Die Menge aller Zahlen, die für Einsetzungen in Frage kommt, heißt **Grundmenge**.*

> Eine Umformung einer Gleichung, bei der sich die Lösungsmenge nicht ändert, heißt **Äquivalenzumformung**.
> Wichtige Äquivalenzumformungen von Gleichungen sind:
> Termumformungen,
> beidseitige Addition oder Subtraktion einer Zahl oder eines Terms,
> beidseitige Multiplikation oder Division mit einer Zahl ungleich Null.

So kann man die Lösungsmenge einer Gleichung bestimmen:
Forme die Gleichung mit Hilfe von Äquivalenzumformungen so um, dass sich eine Gleichung ergibt, deren Lösung man sofort ablesen kann.

Beispiel 1
Löse die Gleichung mit Hilfe von Äquivalenzumformungen:
$3(4x + 1) - 6 = 8x + 17$.
Lösung:

$3(4x + 1) - 6 = 8x + 17$ | Termumformung *(Klammerregel anwenden)*
$12x + 3 - 6 = 8x + 17$ | Termumformung *(Zusammenfassen)*
$12x - 3 = 8x + 17$ | $-8x$ *(Beidseitige Subtraktion von $8x$, damit Terme mit x nur links stehen)*
$4x - 3 = 17$ | $+3$ *(Beidseitige Addition von 3, damit $4x$ alleine steht)*
$4x = 20$ | $:4$ *(Beidseitige Division durch 4)*
$x = 5$; $L = \{5\}$

Probe: Linke Seite: $3 \cdot (4 \cdot 5 + 1) - 6 = 3 \cdot 21 - 6 = 63 - 6 = 57$
Rechte Seite: $8 \cdot 5 + 17 = 40 + 17 = 57$. Beide Seiten stimmen überein.

Beispiel 2
Löse mit Hilfe von Äquivalenzumformungen: $(x + 1)(x - 5) = (x - 9)(x + 9)$
Lösung:

$(x + 1)(x - 5) = (x - 9)(x + 9)$ | Termumformung *(Klammerregel bzw. 3. binomische Formel anwenden)*
$x^2 - 5x + x - 5 = x^2 - 81$ | Termumformung *(Zusammenfassen)*
$x^2 - 4x - 5 = x^2 - 81$ | $-x^2$ *(Beidseitige Subtraktion von x^2)*
$-4x - 5 = -81$ | $+5$ *(Beidseitige Addition von 5)*
$-4x = -76$ | $:(-4)$ *(Beidseitige Division durch -4)*
$x = 19$; $L = \{19\}$

Probe: Linke Seite: $(19 + 1)(19 - 5) = 20 \cdot 14 = 280$
Rechte Seite: $(19 - 9)(19 + 9) = 10 \cdot 28 = 280$. Beide Seiten stimmen überein.

Selbstvertrauen ist gut
Kontrolle ist besser!
Überprüfe deine Ergebnisse durch Einsetzen in beide Gleichungen.

Beispiel 3
Löse mit Hilfe von Äquivalenzumformungen:
a) $1 + 3y = \frac{1}{3}(-4 + 9y)$ b) $4(2 + \frac{1}{2}x) = 2(3 + x) + 2$
Lösung:
a) $1 + 3y = \frac{1}{3}(-4 + 9y)$ | Termumformung *(Klammern auflösen)*
$1 + 3y = -\frac{4}{3} + 3y$ | $-3y$ *(Beidseitige Subtraktion von $3y$)*
$1 = -\frac{4}{3}$

Da $1 \neq -\frac{4}{3}$, hat die Gleichung keine Lösung, $L = \{\ \}$, sie ist unerfüllbar.
b) $4(2 + \frac{1}{2}x) = 2(3 + x) + 2$ | Termumformung *(Klammern auflösen, zusammenfassen)*
$2x = 2x$

Jede rationale Zahl ist Lösung, $L = \mathbb{Q}$. Die Gleichung ist allgemeingültig.

2 Gleichungen mit Formvariablen und Ungleichungen

Gleichungen wie $2,5x + (-2) = 0$ oder $(-3) \cdot x + \frac{3}{8} = 0$ haben die Form $ax + b = 0$. Die Variablen a und b nennt man **Formvariablen** oder **Parameter** der Gleichung $ax + b = 0$. Gleichungen mit Formvariablen (Parametern) löst man wie Gleichungen ohne Formvariablen. Man darf auch hier nicht durch 0 dividieren. Deshalb muss man bei **jeder** Division prüfen, welche Zahlen für die Formvariablen eingesetzt werden können. Eventuell ist dann wie im Beispiel 2 eine Fallunterscheidung durchzuführen.

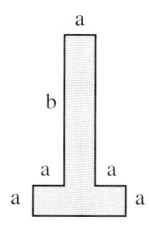

Beispiel 1
Für den Flächeninhalt A der Figur auf dem Rand gilt: $A = 3a^2 + ab$.
Die Seitenlänge b soll berechnet werden. Löse dazu nach b auf.
Lösung:
$\quad A = 3a^2 + ab \quad | -3a^2$
$\quad A - 3a^2 = ab \quad | :a \quad$ *Diese Division ist möglich, da die Seitenlänge $a > 0$ ist.*
$\quad \frac{A}{a} - 3a = b \quad$ bzw. $b = \frac{A}{a} - 3a$.

Beispiel 2
Löse nach x auf: $a(x + 2) + 2bx = 0$
Lösung:
$a(x + 2) + 2bx = 0 \quad |$ Term vereinfachen
$ax + 2a + 2bx = 0 \quad | -2a$
$\quad ax + 2bx = -2a \quad |$ Ausklammern
$\quad (a + 2b)x = -2a$
Durch $a + 2b$ kann man nur dividieren, wenn $a + 2b \neq 0$. Daher Fallunterscheidung:
Fall 1: $a + 2b \neq 0$ \qquad\qquad\qquad Fall 2: $a + 2b = 0$. Dann ist $0 \cdot x = -2a$.
$\quad (a + 2b)x = -2a \quad | :(a + 2b) \quad$ Fall 2a: Ist $a = 0$, so ist $L = \mathbb{Q}$.
$\quad x = \frac{-2a}{a + 2b}, \; L = \left\{\frac{-2a}{a + 2b}\right\} \quad$ Fall 2b: Ist $a \neq 0$, so ist $L = \{\;\}$.

Wichtige Äquivalenzumformungen von Ungleichungen sind:
– Termumformungen,
– beidseitige Addition oder Subtraktion einer Zahl oder eines Terms,
– beidseitige Multiplikation oder Division mit einer positiven Zahl,
– beidseitige Multiplikation oder Division mit einer negativen Zahl, wenn zugleich das Kleiner- bzw. Größerzeichen umgekehrt wird.

Beispiel 3
a) Löse $2(x - 1) < 4x + 5$ \qquad\qquad b) Löse nach x auf: $ax - (1 - x) < x - a$
Lösung: \qquad\qquad\qquad\qquad\qquad\qquad Lösung:
$2(x - 1) < 4x + 5 \quad |$ Termumformung \qquad $ax - (1 - x) < x - a \quad |$ Termumformung
$\quad 2x - 2 < 4x + 5 \quad | +2$ \qquad\qquad\qquad $ax - 1 + x < x - a \quad | -x$
$\quad 2x < 4x + 7 \quad | -4x$ \qquad\qquad\qquad $\quad ax - 1 < -a \quad | +1$
$\quad -2x < 7 \quad | :(-2)$ \qquad\qquad\qquad\qquad $\quad ax < 1 - a$
Beachte: Das <-Zeichen kehrt sich um. \qquad *Jetzt sind drei Fälle zu unterscheiden. Nur*
$\quad x > -3,5$ \qquad\qquad\qquad\qquad\qquad\qquad *bei $a \neq 0$ kann durch a dividiert werden.*
$L = \{x \mid x > -3,5\}$ \qquad\qquad\qquad\qquad Fall 1: $a > 0$ \quad Fall 2: $a = 0$ \quad Fall 3: $a < 0$
\qquad\qquad\qquad\qquad\qquad\qquad\qquad\qquad $x < \frac{1-a}{a}$ \qquad $0 < 1$ \qquad $x > \frac{1-a}{a}$
\qquad\qquad\qquad\qquad\qquad\qquad\qquad\qquad $L = \{x \mid x < \frac{1-a}{a}\}$ \quad $L = \mathbb{Q}$ \quad $L = \{x \mid x > \frac{1-a}{a}\}$

Gleichungen

3 Bruchgleichungen

*Bei der beidseitigen Multiplikation einer Gleichung mit einem Term können Lösungen hinzukommen, man spricht dann auch von einer **Gewinnumformung**. Daher ist jetzt die Probe unbedingt notwendig.*

Lösen einer Bruchgleichung durch **Multiplikation mit dem Hauptnenner**:
1. Bestimme den Hauptnenner aller Bruchterme.
2. Multipliziere beide Seiten der Gleichung mit dem Hauptnenner.
3. Löse die entstandene (bruchtermfreie) Gleichung.
4. Prüfe, ob die enthaltene Lösung auch Lösung der Bruchgleichung ist (**Probe**).

Beispiel 1
Löse $\frac{1}{x-3} + \frac{2}{2x-6} = \frac{1}{2}$.
Lösung:
1. *Bestimmen des Hauptnenners* $2x - 6 = 2(x-3)$ ist der Hauptnenner
2. *Beidseitige Multiplikation mit dem HN:* $\frac{1}{x-3} + \frac{2}{2x-6} = \frac{1}{2}$ $\quad | \cdot 2(x-3)$

$$\frac{2(x-3)}{x-3} + \frac{2 \cdot 2(x-3)}{2(x-3)} = \frac{2(x-3)}{2} \quad | \text{ Kürzen}$$

3. *Lösen der Gleichung ohne Bruchterme:* $2 + 2 = x - 3 \quad | +3$
$\qquad 7 = x$
4. **Probe:** $\frac{1}{7-3} + \frac{2}{2 \cdot 7 - 6} = \frac{1}{4} + \frac{2}{8} = \frac{4}{8} = \frac{1}{2}$; Lösung der Bruchgleichung: $x = 7$, $L = \{7\}$.

Beispiel 2
Löse: a) $\frac{1}{x+4} + \frac{1}{x-4} = \frac{8}{x^2-16}$ \qquad b) $\frac{1}{2-x} + \frac{1}{4+x} = \frac{6}{(2-x)(4+x)}$
Lösung: \qquad\qquad\qquad\qquad\qquad\qquad\qquad\qquad\qquad Lösung:
1. HN: $x^2 - 16 = (x+4)(x-4)$ \qquad\qquad\qquad 1. HN: $(2-x)(4+x)$
2. $\frac{1}{x+4} + \frac{1}{x-4} = \frac{8}{x^2-16} \quad | \cdot \text{HN}$ \qquad 2. $\frac{1}{2-x} + \frac{1}{4+x} = \frac{6}{(2-x)(4+x)} \quad | \cdot \text{HN}$

$\frac{(x+4)(x-4)}{x+4} + \frac{(x+4)(x-4)}{x-4} = \frac{8(x^2-16)}{x^2-16}$ \qquad $\frac{(2-x)(4+x)}{2-x} + \frac{(2-x)(4+x)}{4+x} = \frac{6(2-x)(4+x)}{(2-x)(4+x)}$

3. $(x-4) + (x+4) = 8$ \qquad\qquad\qquad\qquad $4 + x + 2 - x = 6$
$\qquad 2x = 8 \quad | :2$ \qquad\qquad\qquad\qquad\qquad $6 = 6$
$\qquad x = 4$

4. **Probe:** Zwei Terme der Bruchgleichung \qquad Die letzte Gleichung ist allgemeingültig,
sind für $x = 4$ nicht definiert, \qquad\qquad\qquad also ist jede Zahl des Definitionsbereiches
also $L = \{\ \}$. \qquad\qquad\qquad\qquad\qquad\qquad\quad der Bruchgleichung Lösung.
$\qquad\qquad\qquad\qquad\qquad\qquad\qquad\qquad\qquad\qquad L = \mathbb{Q} \setminus \{2; -4\}$.

Die Probe darf man auf keinen Fall vergessen. Dafür braucht man bei Bruchgleichungen nicht sofort den Definitionsbereich der Terme zu bestimmen. Mit der Probe wird nämlich zugleich geprüft, ob die Terme für die Lösung definiert sind.

Hat eine Bruchgleichung die spezielle Form $\frac{a}{b} = \frac{c}{d}$, so ergibt die Multiplikation mit $b \cdot d$ die Gleichung $a \cdot d = b \cdot c$. Dies sieht so aus, als habe man Zähler und Nenner der Brüche „überkreuzt" multipliziert.

Beispiel 3 „Überkreuzmultiplikation"
Löse $\frac{2x}{3x-4} = \frac{4x+6}{6x+2}$.
Lösung:
$\frac{2x}{3x-4} = \frac{4x+6}{6x+2} \quad | \cdot (3x-4)(6x+2)$ \qquad *Dies wirkt wie* $\frac{2x}{3x-4} \bowtie \frac{4x+6}{6x+2}$ *multipliziert.*
$2x(6x+2) = (4x+6)(3x-4)$ \qquad\qquad | Klammern auflösen
$12x^2 + 4x = 12x^2 - 16x + 18x - 24$ \qquad | Zusammenfassen
$12x^2 + 4x = 12x^2 + 2x - 24$ \qquad\qquad | $-12x^2$
$\qquad 4x = 2x - 24$ \qquad\qquad\qquad\qquad | $-2x$
$\qquad 2x = -24$ \qquad\qquad\qquad\qquad\quad | $:2$
$\qquad x = -12$

Probe:
Linke Seite: $\frac{2 \cdot (-12)}{3 \cdot (-12) - 4} = \frac{-24}{-40} = \frac{3}{5}$ \qquad Rechte Seite: $\frac{4 \cdot (-12) + 6}{6 \cdot (-12) + 2} = \frac{-42}{-70} = \frac{3}{5}$
Linke und rechte Seite stimmen überein. Lösung der Bruchgleichung: $x = -12$; $L = \{-12\}$.

Gleichungen

Die beim „Vergleich mit Null" angewandten Umformungen der Gleichungen sind Äquivalenzumformungen. Daher ist bei diesem Verfahren eine Probe nicht notwendig. Mache sie aber trotzdem, um evtl. Rechenfehler zu entdecken.

Beim Lösungsverfahren **„Vergleich mit Null"** geht man so vor:
1. Forme die Bruchgleichung so um, dass auf einer Seite Null steht.
2. Vergleiche mit Null:
„Ein Bruch ist gleich 0, wenn sein Zähler gleich 0 und sein Nenner ungleich 0 ist."

Beispiel 4 Vergleich mit Null
Löse $\frac{4}{x+1} = \frac{2}{2-x}$ mit Hilfe von Äquivalenzumformungen.
Lösung:

$$\frac{4}{x+1} = \frac{2}{2-x} \quad | -\frac{2}{2-x}$$

$\Leftrightarrow \frac{4}{x+1} - \frac{2}{2-x} = 0 \quad |$ Durch Erweitern auf den Hauptnenner $(x+1)(2-x)$ bringen

$\Leftrightarrow \frac{4(2-x)}{(x+1)(2-x)} - \frac{2(x+1)}{(x+1)(2-x)} = 0 \quad |$ Bruchterme subtrahieren

$\Leftrightarrow \frac{4(2-x) - 2(x+1)}{(x+1)(2-x)} = 0 \quad |$ Zähler vereinfachen

$\Leftrightarrow \frac{6 - 6x}{(x+1)(2-x)} = 0$

Ein Bruch ist gleich 0, wenn sein Zähler gleich Null und sein Nenner ungleich 0 ist:

$\Leftrightarrow \quad 6 - 6x = 0 \quad$ und $\quad x \neq -1; \; x \neq 2$

$\Leftrightarrow \quad x = 1 \quad$ und $\quad x \neq -1; \; x \neq 2$

Also: $\quad x = 1 \quad L = \{1\}$

Probe: Linke Seite: $\frac{4}{1+1} = 2$; rechte Seite: $\frac{2}{2-1} = 2$; beide Seiten stimmen überein.

*Bruchgleichungen mit Formvariablen löst man wie Bruchgleichungen ohne Formvariablen. Da man durch Null nicht dividieren darf, muss man jedoch prüfen, ob durch die Formvariable ein Nenner oder ein Term, durch den dividiert wird, Null werden kann. Hierbei können viele Fallunterscheidungen notwendig werden.
Ein Lösungsverfahren, bei dem man die Fallunterscheidungen leicht erkennt, ist der „Vergleich mit Null". Gehe daher wie in Beispiel 4 vor, ohne erst einmal auf die Formvariable zu achten.*

Beispiel 5 Bruchgleichungen mit Formvariablen
Löse nach x auf: $\frac{a \cdot x}{a + x} = 2$.
Lösung (Vergleich mit Null):

$$\frac{a \cdot x}{a + x} = 2 \quad | -2$$

$\Leftrightarrow \frac{a \cdot x}{a + x} - 2 = 0 \quad |$ Auf den Hauptnenner erweitern

$\Leftrightarrow \frac{a \cdot x}{a + x} - \frac{2(a + x)}{(a + x)} = 0 \quad |$ Subtrahieren

$\Leftrightarrow \frac{a \cdot x - 2(a + x)}{a + x} = 0 \quad |$ Vergleich mit Null

$\Leftrightarrow \quad ax - 2x - 2a = 0 \quad$ und $\quad a + x \neq 0$

$\Leftrightarrow \quad ax - 2x = 2a \quad$ und $\quad a \neq -x$

$\Leftrightarrow \quad (a - 2)x = 2a \quad$ und $\quad a \neq -x$

$\Leftrightarrow \quad x = \frac{2a}{(a-2)} \quad$ und $\quad a \neq -x$ *(sofern $a \neq 2$)*

Untersuchung der zulässigen Werte für die Formvariable a:

1. $x = \frac{2a}{a-2}$ ist nur für $a \neq 2$ möglich.

2. $a \neq -x$ bedeutet $a \neq \frac{-2a}{a-2}$. Dies ist für $a \neq 0$ (und $a \neq 2$) der Fall.

Ergebnis: $x = \frac{2a}{a-2}$; $L = \left\{\frac{2a}{a-2}\right\}$ für $a \neq 0$; $a \neq 2$.

Probe: $\frac{a \cdot \frac{2a}{a-2}}{a + \frac{2a}{a-2}} = a \cdot \left(\frac{2a}{a-2}\right) : \left(a + \frac{2a}{a-2}\right) = \frac{2a^2}{a-2} : \frac{a^2 - 2a + 2a}{a-2} = \frac{2a^2}{a-2} : \frac{a^2}{a-2} = 2$

Diskussion der Sonderfälle $a = 0$ und $a = 2$:

$a = 0$: die Gleichung $\frac{a \cdot x}{a + x} = 2$ wird zu $0 = 2$, also $L = \{\}$ für $a = 0$.

$a = 2$: die Gleichung $\frac{a \cdot x}{a + x} = 2$ wird zu $\frac{2x}{2+x} = 2$, also $2x = 4 + 2x$ bzw. $0 = 4$.
Damit ist $L = \{\}$ auch für $a = 2$.

4 Bruchungleichungen

Beispiel 1
Löse $\frac{1}{x-2} < 1$.
Lösung (Vergleich mit Null):

$$\frac{1}{x-2} < 1 \quad | -1$$
$$\Leftrightarrow \frac{1}{x-2} - 1 < 0 \quad | \text{ Auf den Hauptnenner erweitern}$$
$$\Leftrightarrow \frac{1}{x-2} - \frac{x-2}{x-2} < 0 \quad | \text{ Bruchterme subtrahieren}$$
$$\Leftrightarrow \frac{3-x}{x-2} < 0$$

Ein Bruch ist kleiner als 0, wenn der Zähler kleiner als 0 und der Nenner größer als 0 ist oder wenn der Zähler größer als 0 und der Nenner kleiner als 0 ist.
Stelle an einer Zahlengeraden dar, wann der Zähler (der Nenner) größer als 0, wann er kleiner als 0 ist. Wir wählen z. B. dunkelgrau für > 0, hellgrau für < 0. Immer dort, wo verschiedene Farben übereinander stehen, ist dann der Bruch kleiner als 0.

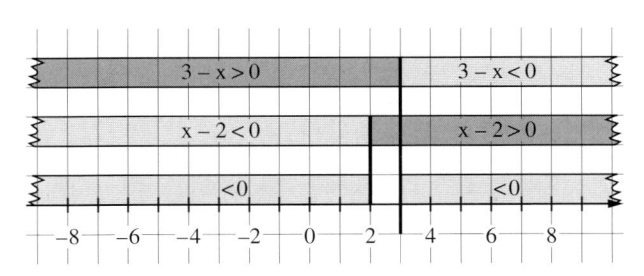

Zähler < 0 und Nenner > 0   Zähler < 0; Nenner > 0

Die Lösungsmenge besteht aus allen Zahlen mit „verschiedenen Farben" von Zähler und Nenner, also
L = {x | x < 2 oder 3 < x}.

Beispiel 2
Löse $\frac{5}{x+3} > \frac{2}{x}$.
Lösung:

$$\frac{5}{x+3} > \frac{2}{x} \quad | \text{ Auf den Hauptnenner erweitern}$$
$$\Leftrightarrow \frac{5x}{(x+3)x} > \frac{2x+6}{(x+3)x} \quad | -\frac{2x+6}{(x+3)x}$$
$$\Leftrightarrow \frac{3x-6}{(x+3)x} > 0$$

Dieser Bruch ist größer als 0:
– wenn die Terme $3x-6$, $x+3$ und x sämtlich größer als 0 sind und
– wenn zwei dieser Terme kleiner als 0, der dritte größer als 0 ist.
Zur Lösungsmenge gehören also alle die Zahlen, bei denen in der Figur rechts entweder alle drei Streifen dunkelgrau oder genau zwei Streifen hellgrau sind. 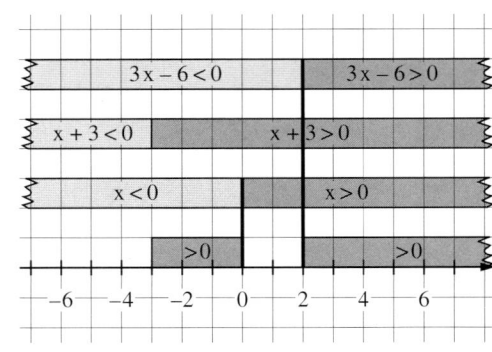
L = {x | –3 < x < 0 oder 2 < x}

VI Lineare Gleichungssysteme

1 Gleichungen und Gleichungssysteme mit zwei Variablen

> Für lineare Gleichungen der Form $ax + by = c$ $(b \neq 0)$ mit den Variablen x und y gilt:
> 1. Jede Lösung besteht aus einem Zahlenpaar.
> 2. Es gibt unendlich viele Lösungen.
> 3. Die grafische Darstellung der Lösungsmenge ist eine Gerade.

Für $b = 0$ gilt:
$3x + 0y = 6$
$x = 2$
Lösungen sind z. B.:
(2|0); (2|1); (2|2);
(2|3); (2|3,25); (2|4)

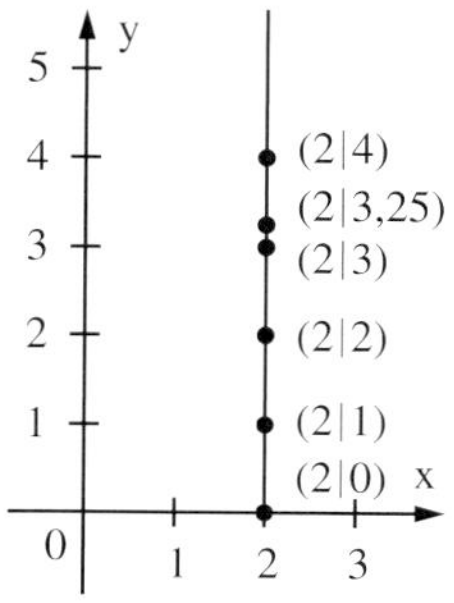

Beispiel 1

a) Gib zwei Lösungen von $5x - 3y = -9$ an.

b) Stelle deine Lösungen von a) in einem Koordinatensystem dar.

c) Zeichne die Gerade durch die beiden Punkte und lies eine weitere Lösung ab.

Lösung:
a) $5x - 3y = -9$
$\quad\quad y = \frac{5}{3}x + 3$
Für $x = -3$ erhält man $y = -2$.
Für $x = 0$ erhält man $y = 3$.
Zwei Lösungen der Gleichung:
$(-3|-2)$ und $(0|3)$.

Lösung:
b) und c)

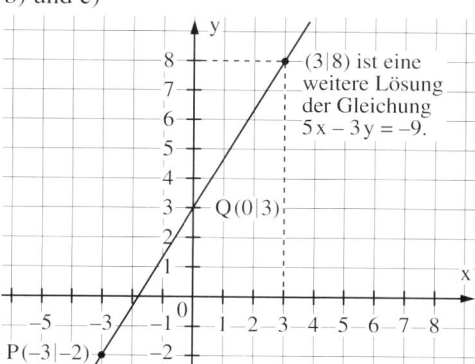

(3|8) ist eine weitere Lösung der Gleichung $5x - 3y = -9$.

Man nennt zwei lineare Gleichungen mit zwei Variablen ein **lineares Gleichungssystem**. Die gemeinsamen Lösungen der Gleichungen heißen **Lösungen des linearen Gleichungssystems**.

> Ein lineares **Gleichungssystem**   I: $a_1 x + b_1 y = c_1$
>   II: $a_2 x + b_2 y = c_2$
> kann genau eine Lösung oder keine Lösung oder unendlich viele Lösungen haben.

Beispiel 2

Wie viele Lösungen hat das Gleichungssystem:

a) I: $-3x + y = 4$ b) I: $6x + 3y = 12$
   II: $-3x + y = 2$ II: $x - y = -1$

Lösung:
Forme die Gleichungen so um, dass man die Steigungen und y-Achsenabschnitte der Geraden sofort ablesen kann.

a) I: $y = 3x + 4$
   II: $y = 3x + 2$

Die Geraden haben gleiche Steigungen und verschiedene y-Achsenabschnitte.
Die Geraden sind verschieden und zueinander parallel.
Das Gleichungssystem hat keine Lösung.
Lösungsmenge: $L = \{\ \}$.

Lösung:
b) I: $y = -2x + 4$
   II: $y = x + 1$

Die Geraden haben verschiedene Steigungen, sie schneiden sich, es gibt eine Lösung.

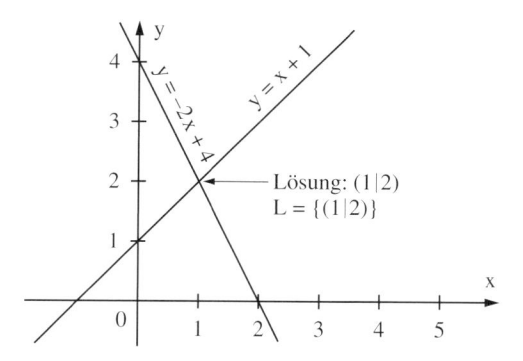

Lösung: (1|2)
$L = \{(1|2)\}$

2 Gleichsetzungsverfahren und Einsetzungsverfahren

*Beim **Gleichsetzungsverfahren** löst man beide Gleichungen eines linearen Gleichungssystems mit zwei Variablen nach einer Variablen (oder einem in beiden Gleichungen auftretenden Vielfachen einer Variablen) auf und setzt anschließend die beiden „rechten Seiten der Gleichungen" gleich. Hieraus erhält man eine Lösung für eine der beiden Variablen. Den zugehörigen Wert für die zweite Variable erhält man, indem man die erhaltene Lösung in eine der beiden Ausgangsgleichungen einsetzt und diese dann nach der verbleibenden Variablen auflöst.*

Beispiel 1
Löse die Gleichungssysteme: a) I: $x + 3y = 4$ b) I: $4x + 6y = 4$
                                II: $x - 2y = 6$ II: $6y = 3x - 66$

Lösung:

a) Lösung mit dem **Gleichsetzungsverfahren**:
In beiden Gleichungen kommt der Summand „x" vor, deshalb werden die Gleichungen nach x aufgelöst: I': $x = -3y + 4$
                                                                                                        II': $x = 2y + 6$
Die x-Koordinate einer Lösung des Gleichungssystems kann man hier sowohl durch den Term $-3y + 4$ *als auch durch den Term* $2y + 6$ *ausdrücken.*
Also gilt: $-3y + 4 = 2y + 6$ $| -2y - 4$
            $-5y = 2$ $| : (-5)$
            $y = -\frac{2}{5}$

Man ersetzt nun z. B. in Gleichung I (es geht auch in Gleichung II) y durch $-\frac{2}{5}$.
Man erhält $x + 3\left(-\frac{2}{5}\right) = 4 \Leftrightarrow x - \frac{6}{5} = 4 \Leftrightarrow x = 4 + \frac{6}{5} = \frac{26}{5} = 5\frac{1}{5}$

Lösung: $\left(5\frac{1}{5} \big| -\frac{2}{5}\right)$; Lösungsmenge: $L = \left\{\left(5\frac{1}{5} \big| -\frac{2}{5}\right)\right\}$.

*Beim **Einsetzungsverfahren** löst man eine der Gleichungen nach einer Variablen (oder einem in beiden Gleichungen auftretenden Vielfachen einer Variablen) auf und setzt den erhaltenen Term in der zweiten Gleichung für die Variable ein. Die so erhaltene Gleichung löst man nach der verbliebenen Variablen auf. Dann verfährt man weiter wie beim Gleichsetzungsverfahren.*

b) Lösung mit dem **Einsetzungsverfahren**:   I: $4x + 6y = 4$
                                              II: $6y = 3x - 66$

1. *Setze in Gleichung I für 6y den Term* $3x - 66$ *ein und löse nach x auf:*
   $4x + 3x - 66 = 4$ $| + 66$
   $7x = 70$ $| : 7$
   $x = 10$

2. *Ersetze x in Gleichung II (oder I) durch 10 und löse nach y auf:*
   $6y = 3 \cdot 10 - 66$
   $6y = -36$ $| : 6$
   $y = -6$

3. Lösung: $(10|-6)$; Lösungsmenge: $L = \{(10|-6)\}$.

Beispiel 2
Bestimme rechnerisch die Lösungsmenge.
I: $4x = 2y - 6$
II: $2x - y = 3$
Lösung:
1. *Löse die Gleichung II nach y auf:*
   II: $2x - y = 3$ $| -2x$
       $-y = 3 - 2x$ $| \cdot (-1)$
       $y = 2x - 3$
2. *Setze in Gleichung I für y den Term* $2x - 3$ *ein:*
   $4x = 2(2x - 3) - 6$
   $4x = 4x - 6 - 6$ $| -4x$
   $0x = -12$
3. *Es gibt keine rationale Zahl, die die Gleichung* $0x = -12$ *erfüllt.*
Lösungsmenge: $L = \{\ \}$.

Grafische Lösung zu Beispiel 2:
Löst man die Gleichungen nach y auf, so erkennt man, dass die Geraden zueinander parallel sind.

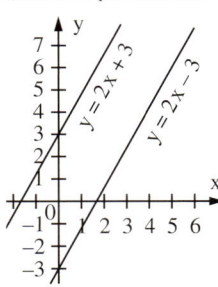

Beispiel 3
Bestimme rechnerisch die Lösungsmenge.
I: $5x = 1 - 6y$
II: $x + 1{,}2y = 0{,}2$
Lösung:
1. *Löse Gleichung II nach x auf.*
   $x = -1{,}2y + 0{,}2$
2. *Setze in Gleichung I für x den Term* $-1{,}2y + 0{,}2$ *ein und löse nach y auf:*
   $5(-1{,}2y + 0{,}2) = 1 - 6y$
   $-6y + 1 = 1 - 6y$ $| -1$
   $-6y = -6y$
3. *Die Gleichung* $-6y = -6y$ *wird von allen rationalen Zahlen erfüllt. Es gibt unendlich viele Lösungen, die alle die Gleichungen I und II erfüllen.*
$L = \{(x|y) \mid 5x = 1 - 6y\}$
$ = \{(x|y) \mid x + 1{,}2y = 0{,}2\}$.

3 Das Additionsverfahren

Man sagt, ein lineares Gleichungssystem ist in **Stufenform**, wenn bei jeder Gleichung mindestens eine ihrer Variablen in den folgenden Gleichungen nicht mehr vorkommt.

Beispiel 1 Gleichungssysteme in Stufenform
Löse die Gleichungssysteme   a) I: $2x + 3y = 4$ b) I: $2x - 3y + z = -8$
  II: $y = 2$ II: $2y + 5z = -6$
  III: $-2z = 4$

Lösung:
a) Aus II folgt: $y = 2$
Ersetze y in Gleichung I durch 2.
$2x + 3 \cdot 2 = 4 \quad | -6$
$2x = -2 \quad | :2$
$x = -1$
Lösung des Gleichungssystems:
$L = \{(-1|-2)\}$.

b) Aus III folgt: $z = -2$
Ersetze z in Gleichung II durch -2.
$2y + 5 \cdot (-2) = -6$; also $y = 2$
Ersetze y in Gleichung I durch 2 und z durch -2.
$2x - 3 \cdot 2 - 2 = -8$; also $x = 0$
Lösung des Gleichungssystems: $(0|2|-2)$.

Jedes lineare Gleichungssystem lässt sich mit den folgenden Äquivalenzumformungen auf Stufenform bringen:
(1) Gleichungen miteinander vertauschen
(2) eine Gleichung mit einer Zahl $c \neq 0$ multiplizieren
(3) eine Gleichung durch die Summe oder Differenz eines Vielfachen von ihr und einem Vielfachen einer anderen Gleichung ersetzen.

Additionsverfahren
Man löst ein Gleichungssystem, indem man es zunächst mithilfe der Äquivalenzumformungen (1), (2) und (3) auf Stufenform bringt und dann schrittweise wie in Beispiel 1 nach den Variablen auflöst.

Beispiel 2
Löse die Gleichungssysteme.
a) I $2x + 5y = 44$
   II $7x - 5y = -26$

b) I $2x + 3y = -6$
   II $3x - 4y = 25$

Lösung:
a) *Bei der Addition der Gleichungen ergeben 5y und $-5y$ Null.*

I $2x + 5y = 44$
II $7x - 5y = -26 \quad | I + II$
I $2x + 5y = 44$
IIa $\quad 9x = 18$
Aus IIa folgt $x = 2$.
Aus $x = 2$ und I folgt $y = 8$.
Lösung des Gleichungssystems: $(2|8)$
Lösungsmenge: $L = \{(2|8)\}$.

b) *Multipliziere Gleichung I mit 3 und Gleichung II mit -2, dann ergeben 6x und $-6x$ bei der anschließenden Addition $0 \cdot x$.*

I $2x + 3y = -6 \quad | \cdot 3$
II $3x - 4y = 25 \quad | \cdot (-2)$
Ia $6x + 9y = -18$
IIa $-6x + 8y = -50 \quad | Ia + IIa$
I $2x + 3y = 6$
IIb $\quad 17y = -68$
Aus IIb folgt: $y = -4$.
Aus $y = -4$ und I folgt: $x = 3$.
Lösung des Gleichungssystems: $(3|-4)$
Lösungsmenge: $L = \{(3|-4)\}$.

Lineare Gleichungssysteme

Statt Gleichung I mit 7 zu multiplizieren und Gleichung II mit 3 zu multiplizieren, damit bei der anschließenden Subtraktion der zweiten Gleichung x „wegfällt", kann man z. B. die zweite Gleichung direkt durch die Differenz aus dem 7fachen der ersten und dem 3fachen der zweiten Gleichung ersetzen.

Beispiel 3 Mit weniger Rechenschritten lösen
Löse das Gleichungssystem: I $3x - 5y = 5$
                             II $7x - 3y = 29$
Lösung:

1. Schritt:
I $3x - 5y = 5$
II $7x - 3y = 29$ | $7 \cdot I - 3 \cdot II$

2. Schritt:
I $3x - 5y = 5$
IIa $-26y = -55$

Aus IIa folgt: $y = 2$; aus $y = 2$ und I folgt: $x = 5$.
Lösung des Gleichungssystems: $(5|2)$ Lösungsmenge: $L = \{(5|2)\}$

Beim Lösen von Gleichungssystemen mit drei oder mehr Variablen lohnt sich systematisches Vorgehen besonders.

Beispiel 4 Gleichungssysteme mit 3 Variablen
Löse das Gleichungssystem: $2x - 4y + 5z = 3$
                            $3x + 3y + 7z = 13$
                            $4x - 2y - 3z = -1$
Lösung:

1. Schritt: Gleichungssystem notieren und die Gleichungen „nummerieren".

I $2x - 4y + 5z = 3$
II $3x + 3y + 7z = 13$ | $3 \cdot I - 2 \cdot II$
III $4x - 2y - 3z = -1$

2. Schritt: Damit x in der zweiten Gleichung „wegfällt", ersetze die Gleichung durch die Differenz aus ihrem 2fachen und dem 3fachen der ersten Gleichung.

I $2x - 4y + 5z = 3$
IIa $-18y + z = -17$
III $4x - 2y - 3z = -1$ | $III - 2 \cdot I$

3. Schritt: Auch in der 3. Gleichung soll x „wegfallen". Daher wird die Gleichung durch die Differenz aus ihr und dem Doppelten der ersten Gleichung ersetzt.

I $2x - 4y + 5z = 3$
IIa $-18y + z = -17$
IIIa $6y - 13z = -7$ | $3 \cdot IIIa + IIa$

4. Schritt: Damit y in der dritten Gleichung „wegfällt", ersetzt man die Gleichung durch die Summe aus ihrem 3fachen und der zweiten Gleichung.

I $2x - 4y + 5z = 3$
IIa $-18y + z = -17$
IIIb $-38z = -38$

5. Schritt:
Man bestimmt die Lösung aus der Stufenform (vgl. Beispiel 1).
Lösung des Gleichungssystems: $(1|1|1)$

Aus IIIb folgt: $z = 1$
Aus $z = 1$ und IIa folgt: $y = 1$
Aus $z = 1$, $y = 1$ und I folgt: $x = 1$
Lösungsmenge: $L = \{(1|1|1)\}$

Lineare Gleichungssysteme mit drei Variablen haben wie lineare Gleichungssysteme mit zwei Variablen entweder keine Lösung, eine einzige Lösung oder unendliche viele Lösungen. Gleichungssysteme wie in Beispiel 5 können daher auch durch Äquivalenzumformungen von Gleichungssystemen, die noch keine Stufenform hatten, entstehen.

Beispiel 5
Bestimme die Lösungsmenge des Gleichungssystems.

a) I: $3x + 2y - 6z = 15$
   II: $6y - 9z = -18$
   III: $0z = 2$

b) I: $3x + 2y - 6z = 15$
   II: $3y - 9z = -18$
   III: $0z = 0$

Lösung:
a) Die Gleichung III wird von keiner Zahl erfüllt. Das Gleichungssystem besitzt keine Lösungen. Lösungsmenge des Gleichungssystems: $L = \{\ \}$.
b) Gleichung III wird von allen Zahlen z erfüllt.
Aus II folgt: $y = -6 + 3z$
Aus I folgt: $3x = 15 + 2(-6 + 3z) + 6z$; also $3x = 3 + 12z$; also: $x = 1 + 4z$.
Das Gleichungssystem besitzt unendlich viele Lösungen.
Lösungsmenge des Gleichungssystems:
$L = \{(x|y|z) \mid x = 1 + 4z \text{ und } y = -6 + 3z\}$.

VII Figuren und Winkel

1 Mittelsenkrechte und Winkelhalbierende

So konstruiert man eine Mittelsenkrechte.

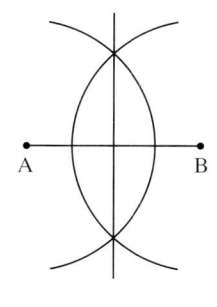

Eine Gerade m heißt **Mittelsenkrechte** einer Strecke $\overline{AB}$, wenn sie durch den Mittelpunkt von $\overline{AB}$ geht und senkrecht zu $\overline{AB}$ verläuft.

1. Die Mittelsenkrechte einer Strecke $\overline{AB}$ ist die Symmetrieachse dieser Strecke.
2. Alle Punkte der Mittelsenkrechten einer Strecke $\overline{AB}$ haben von A und B den gleichen Abstand.
3. Alle Punkte, die von zwei Punkten A und B den gleichen Abstand besitzen, liegen auf der Mittelsenkrechten der Strecke $\overline{AB}$.

Eine Gerade w heißt **Winkelhalbierende** eines Winkels $\alpha = \sphericalangle gh$, wenn sie den Winkel $\alpha = \sphericalangle gh$ halbiert.

So konstruiert man eine Winkelhalbierende:

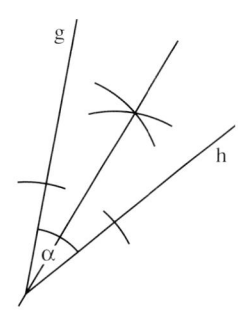

1. Die Winkelhalbierende eines Winkels ist Symmetrieachse dieses Winkels.
2. Jeder Punkt der Winkelhalbierenden eines Winkels hat von den beiden Schenkeln des Winkels den gleichen Abstand.
3. Alle Punkte, die von den beiden Schenkeln eines Winkels den gleichen Abstand besitzen, liegen auf der Winkelhalbierenden dieses Winkels.

Beispiel 1
Zeichne zwei Kreise, die durch die Punkte P und Q gehen.
Lösung:
Jeder Punkt der Mittelsenkrechten von $\overline{PQ}$ ist gleich weit von P und Q entfernt. Also kann jeder Punkt der Mittelsenkrechten als Mittelpunkt eines Kreises durch P und Q gewählt werden.

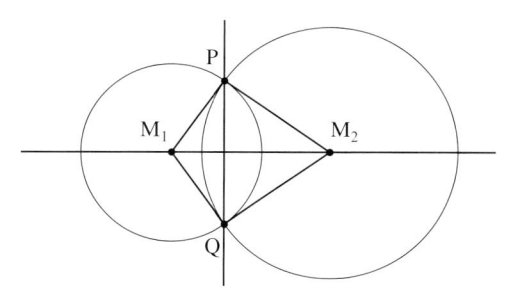

Beispiel 2
Konstruiere nur mit Zirkel und Lineal den Mittelpunkt M des Kreises.
Lösung:
Zeichne zwei nicht zueinander parallele Sehnen. Die Mittelsenkrechten der beiden Sehnen sind Symmetrieachsen des Kreises. Sie schneiden sich deshalb im Kreismittelpunkt M der Figur rechts.

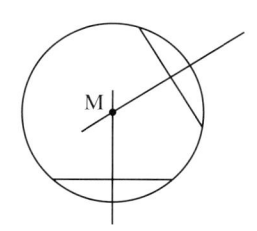

Beispiel 3
Bestimme einen Punkt P, der von den Halbgeraden g und h den Abstand 1 cm hat.
Lösung:
Zeichne die Winkelhalbierende von $\alpha = \sphericalangle(g, h)$. Zeichne die Parallelen zu g, die von g den Abstand 1 cm besitzen (Fig. rechts).

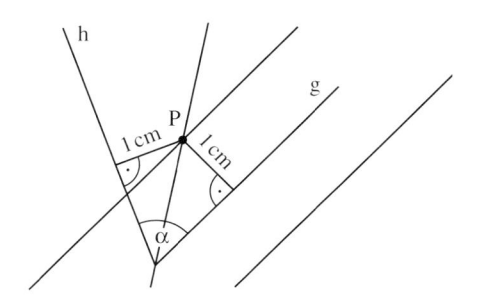

Figuren und Winkel

2 Mittelparallele

Sind zwei Geraden g und h parallel, so haben alle Punkte von g den gleichen Abstand zu h. Dieser Abstand heißt **Abstand der Parallelen g und h**.

Eine Gerade m, deren Punkte zu zwei Parallelen g und h alle den gleichen Abstand haben, heißt **Mittelparallele zu g und h**.

Die Mittelparallele zu zwei Parallelen g und h hat folgende Eigenschaften:
1. m ist parallel zu g und h.
2. m ist Symmetrieachse zu g und h.
3. Jeder Punkt von m hat zu g und h den gleichen Abstand.

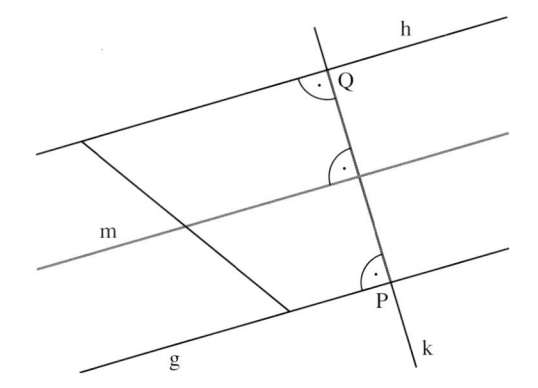

Die Mittelparallele von zwei zueinander parallelen Geraden g und h halbiert jede Verbindungsstrecke von g und h.

Erinnerung:
Ein Viereck, bei dem die gegenüberliegenden Seiten parallel sind, heißt
***Parallelogramm**.*

In einem Parallelogramm sind gegenüberliegende Seiten gleich lang.

In einem Parallelogramm ist die Verbindungsstrecke zweier Seitenmitten parallel zu den beiden anderen Seiten und ebenso lang wie diese.

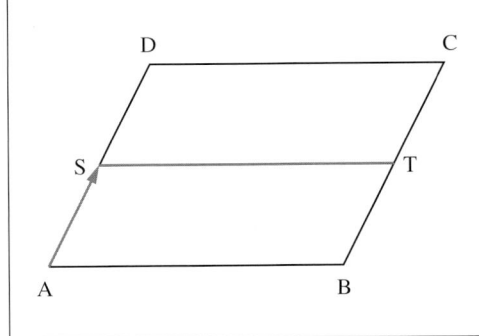

In einem Dreieck ist die Verbindungsstrecke zweier Seitenmitten parallel zur dritten Seite und halb so lang wie diese.

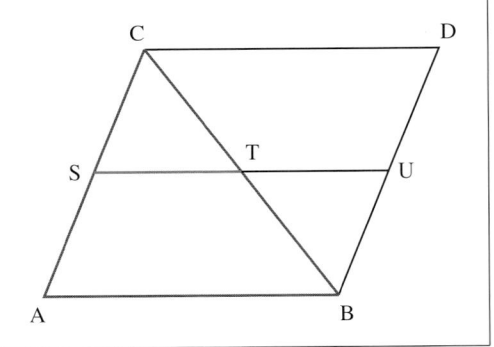

Beispiel
Wie lang ist $\overline{DF}$, wenn
$\overline{AB} = 20\,m$; $\overline{AG} = \frac{1}{2}\overline{AE}$; $\overline{GF} = \frac{1}{2}\overline{GE}$;
$\overline{BC} = \frac{1}{2}\overline{BE}$; $\overline{CD} = \frac{1}{2}\overline{CE}$?
Lösung:
Aus Dreieck ABE: $\overline{CG} = \frac{1}{2}\overline{AB}$;
$\overline{CG} = 10\,cm$.
Aus Dreieck GCE: $\overline{DF} = \frac{1}{2}\overline{CG}$; $\overline{DF} = 5\,cm$.

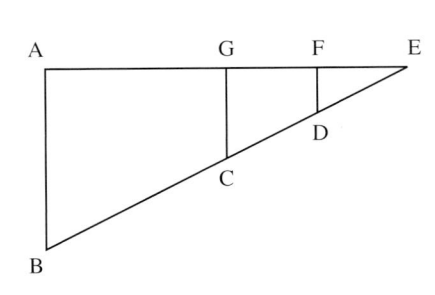

3 Scheitelwinkel und Nebenwinkel

Winkel an sich schneidenden Geraden:
Je zwei gegenüberliegende Winkel nennt man **Scheitelwinkel**.
Je zwei nebeneinander liegende Winkel nennt man **Nebenwinkel**.
In der rechts stehenden Figur sind α und γ Scheitelwinkel, ebenso β und δ.
α und β sind Nebenwinkel, ebenso γ und δ, β und γ sowie δ und α.

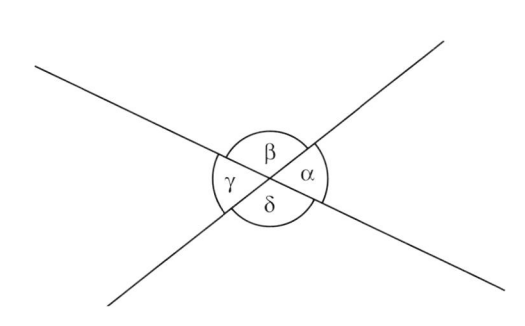

Erinnerung:

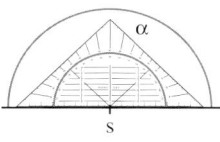

Gestreckter Winkel:
$\alpha = 180°$

> Scheitelwinkel sind gleich groß.
> Nebenwinkel sind zusammen 180° groß.

Beispiel 1
Gib alle Paare von Scheitelwinkeln und alle Paare von Nebenwinkeln an.
Lösung:
Scheitelwinkel: α und δ
Nebenwinkel: α und ε, δ und ε.
Beachte:
α und β sind keine Nebenwinkel; ebenso sind β und ε keine Scheitelwinkel.

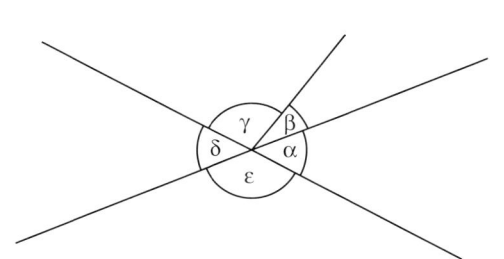

Beispiel 2
Berechne alle Winkel, wenn $\alpha_1 = 37°$ und $\alpha_5 = 86°$.
Lösung:
α_4 und α_1 sind Scheitelwinkel:
$\alpha_4 = \alpha_1 = 37°$.
α_2 und α_5 sind Scheitelwinkel:
$\alpha_2 = \alpha_5 = 86°$.
α_1 und $\alpha_5 + \alpha_6$ sind Nebenwinkel:
$\alpha_1 + \alpha_5 + \alpha_6 = 180°$
$\alpha_6 = 180° - (\alpha_5 + \alpha_1) = 180° - (37° + 86°)$
$\alpha_6 = 57°$
α_3 und α_6 sind Scheitelwinkel:
$\alpha_3 = \alpha_6 = 57°$.

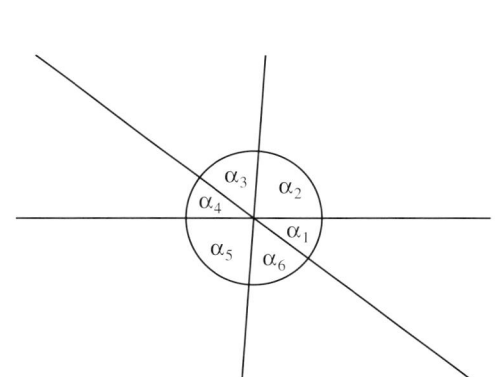

Beispiel 3
Ein Winkel α ist um 20° größer als sein Nebenwinkel β.
Wie groß sind die beiden Winkel?
Lösung: (vergleiche rechte Figur)
$\alpha + \beta = 180°$ und $\alpha = \beta + 20°$
$2\beta = 180° - 20°$; $2\beta = 160°$;
also: $\beta = 80°$ und $\alpha = 100°$.

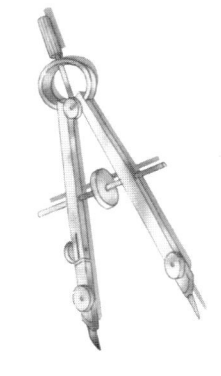

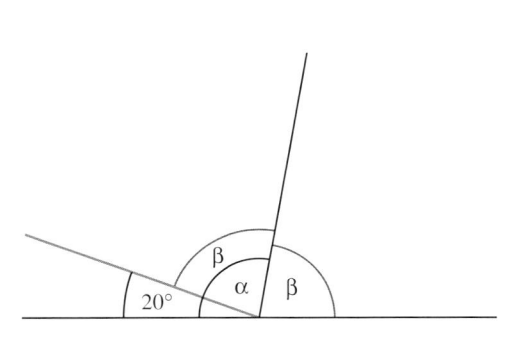

4 Stufenwinkel und Wechselwinkel

Werden (wie in der Figur rechts) zwei Geraden g und h von einer dritten Geraden s geschnitten, so bezeichnet man Winkel, die wie α_1 und α_2 (β_1 und β_2 usw.) zueinander liegen, als **Stufenwinkel** und
Winkel, die wie α_1 und γ_2 (β_1 und δ_2 usw.) zueinander liegen, als **Wechselwinkel**.

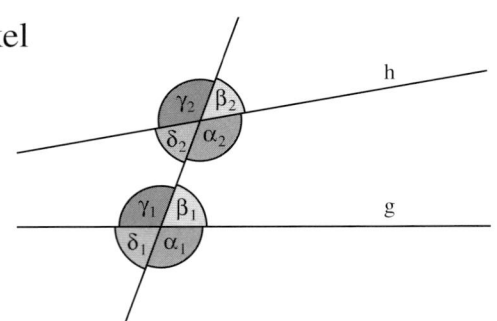

Stufenwinkel erinnern an (manchmal auch „schiefe") Stufen.

Wechselwinkel „wechseln" die Seite der Schnittgerade und die Seiten der geschnittenen Geraden.

An zueinander parallelen Geraden g und h gilt: Stufenwinkel sind gleich groß und Wechselwinkel sind gleich groß.
Umgekehrt gilt: Sind an zwei Geraden die Stufenwinkel (bzw. die Wechselwinkel) gleich groß, dann sind die Geraden zueinander parallel.

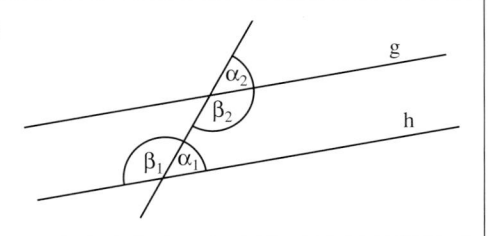

Einige kleine Buchstaben des griechischen Alphabets:

α	alpha
β	beta
γ	gamma
δ	delta
ε	epsilon
η	eta
λ	lambda
μ	my
ν	ny
π	pi
ω	omega

Beispiel 1
Gib alle Paare von Stufenwinkeln und alle Paare von Wechselwinkeln an.
Lösung:
Stufenwinkel: α und ε; β und η;
                γ und λ; δ und ν
Wechselwinkel: α und λ; β und ν;
                λ und ε; δ und η

Beispiel 2
Die Geraden g und h sind zueinander parallel und es ist $\alpha = 45°$.
Berechne die Größe der anderen Winkel.
Lösung:
α und ε sind Stufenwinkel: $\varepsilon = \alpha = 45°$
α und λ sind Wechselwinkel: $\lambda = \alpha = 45°$
λ und γ sind Stufenwinkel: $\gamma = \lambda = 45°$
β ist Nebenwinkel zu α:
$\beta = 180° - \alpha$; $\beta = 180° - 45° = 135°$
β und η sind Stufenwinkel: $\eta = \beta = 135°$
β und ν sind Wechselwinkel: $\nu = \beta = 135°$
ν und δ sind Stufenwinkel: $\delta = \nu = 135°$

Beispiel 3
Wie groß muss β sein, damit die Geraden a und b parallel sind, wenn $\alpha = 30°$ gilt?
Lösung:
α_1 ist Stufenwinkel zu α. Damit a und b parallel sind, muss gelten: $\alpha_1 = \alpha = 30°$.
β ist Nebenwinkel zu α_1: $\beta = 180° - 30° = 150°$.

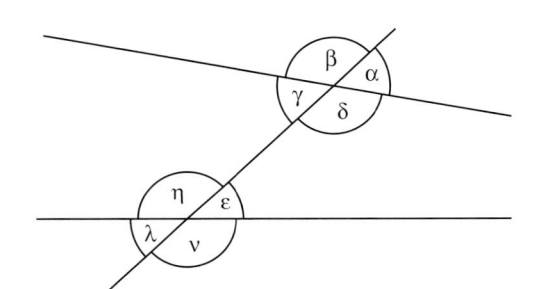

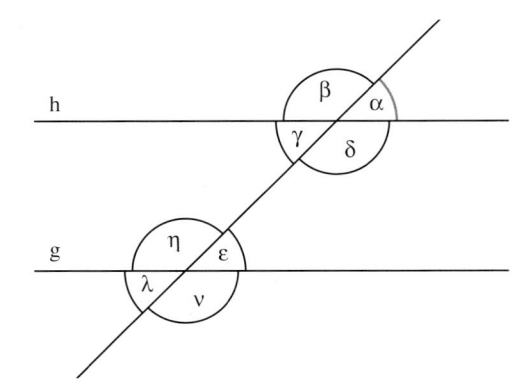

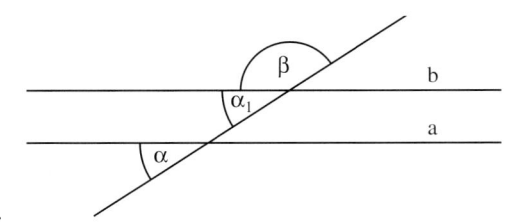

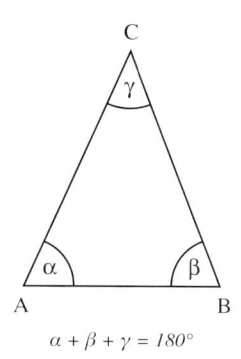

5 Winkelsätze am Dreieck

Statt „Summe der Größen der Winkel in einem Dreieck" sagt man kürzer Winkelsumme eines Dreiecks.

> **Winkelsummensatz:**
> In einem Dreieck beträgt die Winkelsumme 180°.

$\alpha + \beta + \gamma = 180°$

Ist in einem Dreieck
- ein Winkel stumpf, dann heißt das Dreieck **stumpfwinkliges Dreieck**.
- ein Winkel ein rechter Winkel, dann heißt das Dreieck **rechtwinkliges Dreieck**.
- jeder Winkel spitz, dann heißt das Dreieck **spitzwinkliges Dreieck**.

Erinnerung:

$0 < \alpha < 90°$
α *ist ein spitzer Winkel*

$\alpha = 90°$
α *ist ein rechter Winkel*

$90° < \alpha < 180°$
α *ist ein stumpfer Winkel*

Beispiel 1
Begründe: In einem Dreieck kann höchstens ein Winkel größer als 90° sein.
Lösung:
Wenn in einem Dreieck zwei Winkel größer als 90° wären, dann wäre die Summe dieser beiden Winkel größer als 180°. Dies kann nach dem Winkelsummensatz aber nicht sein.

Beispiel 2
In einem gleichschenkligen Dreieck ist der Winkel γ an der Spitze 50° groß.
Wie groß sind die Basiswinkel α und β?
Lösung:
$\alpha + \beta + \gamma = 180°$; $\alpha + \beta + 50° = 180°$;
$\alpha + \beta = 130°$. Da das Dreieck gleichschenklig ist, gilt $\alpha = \beta$.
Also ist $\alpha = 65°$ und $\beta = 65°$.

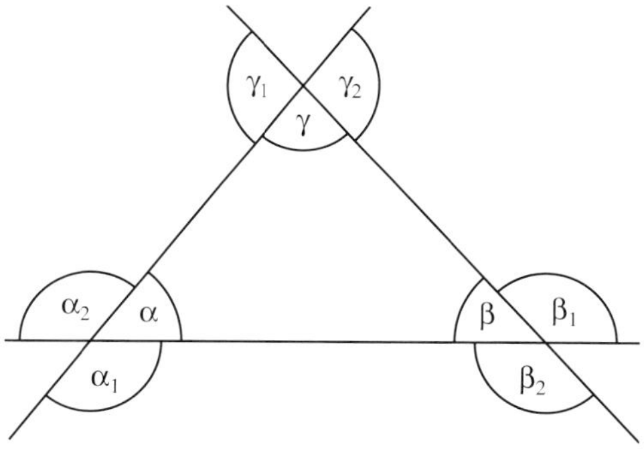

Die Winkel **in** einem Dreieck heißen **Innenwinkel** des Dreiecks. Verlängert man die Seiten eines Dreiecks zu Geraden, so erhält man Nebenwinkel zu den Innenwinkeln. Diese Nebenwinkel heißen **Außenwinkel** des Dreiecks.
In Fig. 1 sind α, β, γ Innenwinkel und α_1, β_1, γ_1 sowie α_2, β_2, γ_2 Außenwinkel.

Fig. 1

> In einem Dreieck gilt:
> Jeder Außenwinkel ist so groß wie die Summe der nicht anliegenden Innenwinkel.

Beispiel 3
Zeige, dass gilt: $\alpha_1 + \beta_1 + \gamma_1 = 360°$.
Lösung:
$\alpha_1 = \beta + \gamma$;
$\beta_1 = \alpha + \gamma$;
$\gamma_1 = \alpha + \beta$
$\alpha_1 + \beta_1 + \gamma_1 = (\beta + \gamma) + (\alpha + \gamma) + (\alpha + \beta)$
$= (\alpha + \beta + \gamma) + (\alpha + \beta + \gamma)$
$= 180° + 180° = 360°$.

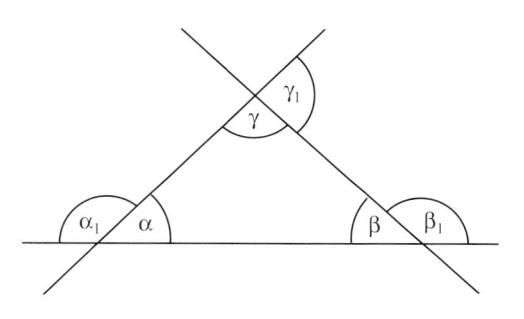

Figuren und Winkel

6 Winkelsumme in Vielecken

> Die Winkelsumme in einem n-Eck beträgt: $(n-2) \cdot 180°$.
> Insbesondere beträgt die Winkelsumme in einem Viereck $360°$.

Ein **regelmäßiges Vieleck** ist ein Vieleck, dessen Seiten alle gleich lang sind und dessen Ecken alle auf einem Kreis liegen.
Dieser Kreis heißt **Umkreis des Vielecks**.
Winkel wie den Winkel α in der Figur rechts nennt man **Mittelpunktswinkel**.

Ein regelmäßiges n-Eck ist drehsymmetrisch (vgl. Figur rechts), deshalb sind alle Mittelpunktswinkel gleich groß:
$\alpha = \frac{360°}{n}$
und alle Innenwinkel sind gleich groß:
$\beta = \frac{(n-2) \cdot 180°}{n}$.

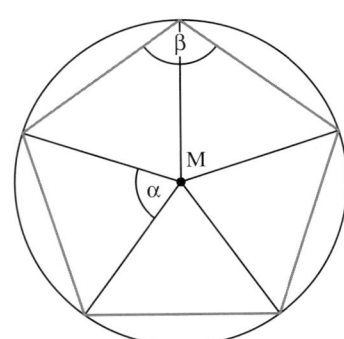

Beispiel 1
Berechne den fehlenden Innenwinkel in einem Fünfeck mit den Innenwinkeln $56°$, $74°$, $93°$, $151°$.
Die Winkelsumme im Fünfeck ist $(5-2) \cdot 180° = 3 \cdot 180° = 540°$.
Lösung:
Für den fehlenden Winkel α gilt: $\alpha = 540° - (56° + 74° + 93° + 151°) = 540° - 374° = 166°$.

Beispiel 2
Die Seiten $\overline{AB}$ und $\overline{CD}$ des Vierecks sind zueinander parallel.
Berechne die Größen der Winkel β und δ.
Lösung:
γ_1 ist Stufenwinkel zu γ an den parallelen Seiten $\overline{AB}$ und $\overline{CD}$; also $\gamma_1 = \gamma = 50°$.
β ist Nebenwinkel zu γ_1; also $\beta = 130°$.
Die Winkelsumme im Viereck ist $360°$;
also $\delta = 360° - (\alpha + \beta + \gamma)$;
$\delta = 360° - 255° = 105°$.

Beispiel 3
Zeichne ein regelmäßiges 5-Eck.
Lösung:
Zeichne einen Kreis.
Mittelpunktswinkel: $\alpha = 360° : 5 = 72°$.
Zeichne ein gleichschenkliges Dreieck mit dem Mittelpunktswinkel $72°$ in den Kreis.
Trage die Basis des gleichschenkligen Dreiecks noch viermal mit dem Zirkel auf dem Kreis ab.

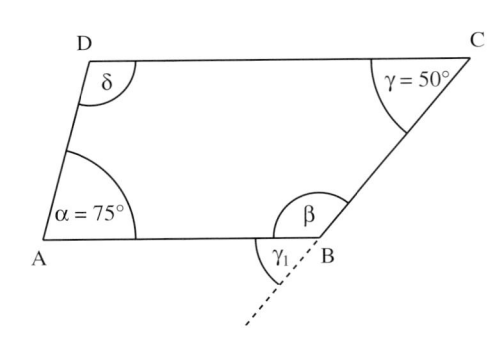

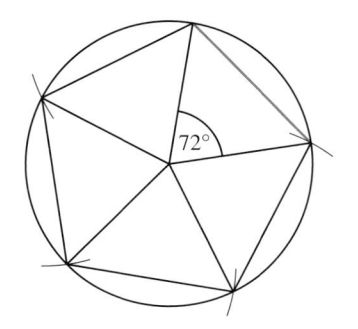

VIII Geometrische Konstruktion und Kongruenz

1 Dreiecksungleichung und Definition der Kongruenz

> In einem Dreieck ist die Summe zweier Seitenlängen stets größer als die Länge der dritten Seite.

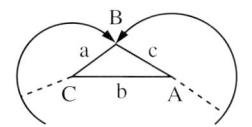

Jede Strecke ist kürzer als die beiden anderen Strecken zusammen.

Die Aussage des Kastens nennt man auch **Dreiecksungleichung**, denn:
Sind a, b, c die Seitenlängen eines Dreiecks, so gilt: a + b > c und a + c > b und b + c > a.

Wenn für drei Punkte A, B, C gilt: $\overline{AB} + \overline{BC} > \overline{AC}$ und $\overline{AB} + \overline{AC} > \overline{BC}$ und $\overline{BC} + \overline{AC} > \overline{AB}$, dann bilden diese Punkte ein Dreieck.

Beispiel 1
Gibt es ein Dreieck mit den Seitenlängen   a) 3 cm; 5 cm; 7 cm;   b) 3 cm; 5 cm; 9 cm?
Lösung:
a) 3 cm + 5 cm > 7 cm und 3 cm + 7 cm > 5 cm und 5 cm + 7 cm > 3 cm. Ein solches Dreieck gibt es.
b) 3 cm + 5 cm < 9 cm. Ein solches Dreieck gibt es nicht.

Beispiel 2
Konstruiere ein Dreieck mit den Seiten
a = 1,5 cm, b = 1 cm, c = 2 cm.
Lösung:
Zeichne eine Seite (z. B.: c). Zeichne dann zwei Kreise um die Seitenendpunkte. Wähle hierbei als Radien die beiden anderen Seitenlängen. Die beiden Kreise schneiden sich, weil jeweils eine Seitenlänge kleiner ist als die Summe der beiden anderen Seitenlängen.

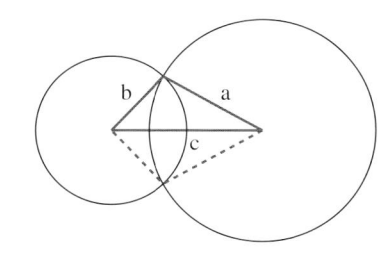

congruere (lat.): übereinstimmen

> Zwei Figuren heißen zueinander **kongruent**, wenn man sie mit einer oder mehreren Achsenspiegelungen, Verschiebungen, Punktspiegelungen oder Drehungen aufeinander abbilden kann.

Die genannten Abbildungen und aus ihnen zusammengesetzte Abbildungen nennt man **Kongruenzabbildungen**.

Beispiel 3
Die Dreiecke ABC und A'B'C' sind kongruent, denn das Dreieck ABC lässt sich durch Nacheinanderausführung einer Verschiebung, einer Drehung und einer Spiegelung auf das Dreieck A'B'C' abbilden.

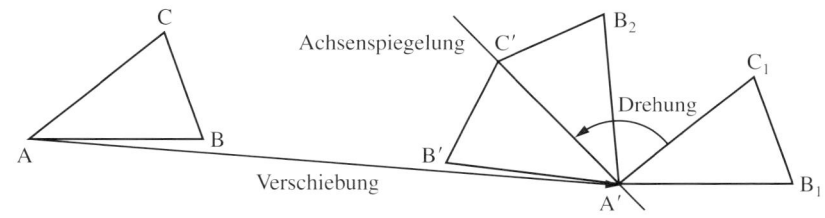

*Beachte:
Kongruenzabbildungen bilden Strecken auf gleich lange Strecken und Winkel auf gleich große Winkel ab.*

Geometrische Konstruktion und Kongruenz

2 Die Kongruenzsätze sss und sws

Bezeichnungen bei Dreiecken:

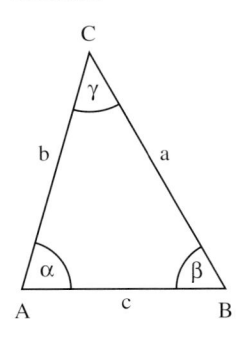

1. Kongruenzsatz für Dreiecke (sss): Wenn in zwei Dreiecken entsprechende Seiten gleich lang sind, dann sind die beiden Dreiecke zueinander kongruent.

Beispiel 1
Entscheide, ob die beiden Dreiecke ABC und PQR zueinander kongruent sind.
a) $\overline{AB} = 4\,\text{cm}$; $\overline{BC} = 5\,\text{cm}$; $\overline{AC} = 3\,\text{cm}$; $\overline{PQ} = 3\,\text{cm}$; $\overline{QR} = 4\,\text{cm}$; $\overline{PR} = 5\,\text{cm}$
b) $\overline{AB} = 4\,\text{cm}$; $\overline{BC} = 5\,\text{cm}$; $\overline{AC} = 3\,\text{cm}$; $\overline{PQ} = 3\,\text{cm}$; $\overline{QR} = 4\,\text{cm}$; $\overline{PR} = 6\,\text{cm}$
Lösung:
a) Die beiden Dreiecke sind zueinander kongruent, weil $\overline{AB} = \overline{QR}$ und $\overline{BC} = \overline{PR}$ und $\overline{AC} = \overline{PQ}$.
b) Die beiden Dreiecke sind nicht zueinander kongruent, weil $\overline{BC} = 5\,\text{cm}$ und das Dreieck PQR keine Seite mit der Länge 5 cm besitzt.

Dreiecke mit gleich großen Winkeln müssen nicht kongruent sein, da sie unterschiedlich groß sein können.

Beispiel 2
Konstruiere ein Dreieck ABC mit
$\overline{AB} = 2\,\text{cm}$; $\overline{BC} = 1\,\text{cm}$; $\overline{AC} = 1{,}5\,\text{cm}$.
Beschreibung der Konstruktion:
1. Zeichne die Strecke $\overline{AB}$.
2. Zeichne einen Kreis mit dem Mittelpunkt A und dem Radius $\overline{AC} = 1{,}5\,\text{cm}$.
3. Zeichne einen Kreis mit dem Mittelpunkt B und dem Radius $\overline{BC} = 1\,\text{cm}$.
4. Die Schnittpunkte der beiden Kreise sind C und C'.
Die Dreiecke ABC und ABC' sind zueinander kongruent.

Konstruktion:

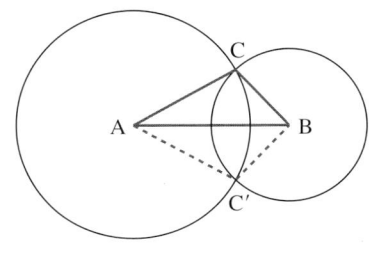

2. Kongruenzsatz für Dreiecke (sws):
Wenn zwei Dreiecke in zwei Seiten und dem von ihnen eingeschlossenen Winkel übereinstimmen, dann sind die beiden Dreiecke zueinander kongruent.

Beispiel 3
Konstruiere ein Dreieck ABC mit
$\overline{AB} = 4\,\text{cm}$, $\overline{AC} = 2{,}5\,\text{cm}$ und $\alpha = 50°$.
Beschreibung der Konstruktion:
1. Zeichne die Strecke AB mit $\overline{AB} = 4\,\text{cm}$.
2. Trage bei A den Winkel α an.
(Zwei Möglichkeiten!)
3. Zeichne einen Kreis um A mit dem Radius r = 2,5 cm.
Dieser Kreis schneidet die Schenkel der beiden Winkel in den Punkten C und C'.
Die Dreiecke ABC und AC'B sind kongruent.

Konstruktion:

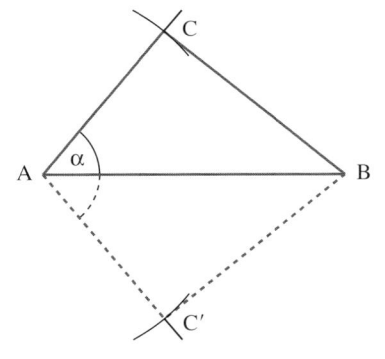

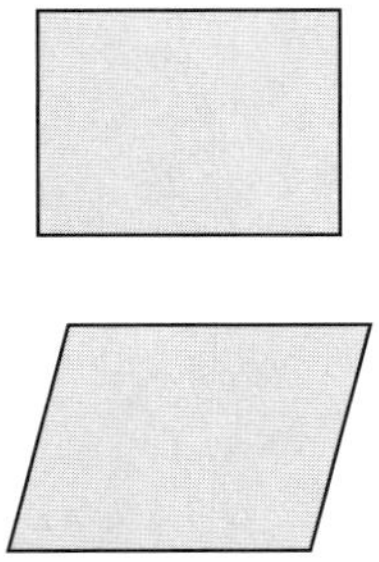

Bei diesen Vierecken sind entsprechende Seiten gleich lang; sie sind aber nicht kongruent!

Beachte:
Die Kongruenzsätze können nicht auf andere Vielecke übertragen werden.

42

Geometrische Konstruktion und Kongruenz

3 Die Kongruenzsätze wsw bzw. sww und Ssw

3. Kongruenzsatz für Dreiecke (wsw bzw. sww):
Wenn zwei Dreiecke in einer Seite und zwei gleich liegenden Winkeln übereinstimmen, dann sind die beiden Dreiecke zueinander kongruent.

Beispiel 1
Konstruiere ein Dreieck ABC mit
$\overline{AB} = 4\,\text{cm}$, $\alpha = 40°$ und $\beta = 50°$.
Beschreibung der Konstruktion:
1. Zeichne die Strecke $\overline{AB}$ mit $\overline{AB} = 4\,\text{cm}$.
2. Trage bei A den Winkel α an.
(Zwei Möglichkeiten!)
3. Trage bei B den Winkel β an.
(Zwei Möglichkeiten!)
Die Schnittpunkt der Schenkel von α und β sind die Punkte C und C'.

Konstruktion:

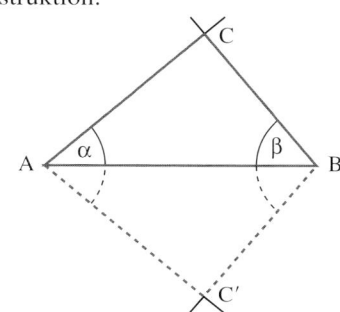

4. Kongruenzsatz für Dreiecke (Ssw):
Wenn zwei Dreiecke in zwei Seiten und dem Gegenwinkel der größeren Seiten übereinstimmen, dann sind sie kongruent.

Beginne bei Konstruktionen mit der Seite, an der der gegebene Winkel anliegt.

Beispiel 2
Konstruiere ein Dreieck ABC mit
$\overline{AB} = 3\,\text{cm}$; $\overline{BC} = 1,5\,\text{cm}$ und $\gamma = 50°$.
Beschreibung der Konstruktion:
1. Zeichne die Strecke $\overline{BC}$ mit $\overline{BC} = 1,5\,\text{cm}$.
2. Trage bei C den Winkel γ an.
(Zwei Möglichkeiten!)
3. Zeichne einen Kreis mit dem Mittelpunkt B und dem Radius $r = 3\,\text{cm}$.
Dieser Kreis schneidet die Schenkel der beiden Winkel in den Punkten A und A'.

Konstruktion:

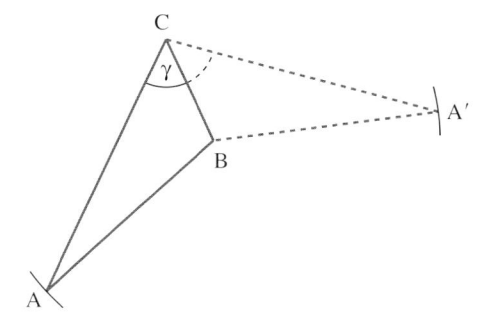

Beachte:
Beispiel 3 zeigt, dass zwei Dreiecke, die in zwei Seiten und dem einer dieser Seite gegenüberliegenden Winkel übereinstimmen, nicht kongruent sein müssen. Sie sind nur dann sicher kongruent, wenn der Winkel, in dem sie übereinstimmen, der größeren Seite gegenüberliegt.

Beispiel 3
Konstruiere ein Dreieck ABC mit
$\overline{AB} = 5\,\text{cm}$, $\overline{BC} = 4\,\text{cm}$ und $\alpha = 45°$.
Beschreibung der Konstruktion:
1. Zeichne die Strecke $\overline{AB}$ mit $\overline{AB} = 5\,\text{cm}$.
2. Trage bei A den Winkel α an.
(Zwei Möglichkeiten!)
3. Zeichne einen Kreis um B mit dem Radius $r = 4\,\text{cm}$. Dieser Kreis schneidet die Schenkel der beiden Winkel in den Punkten C, C', C'' und C'''.
Es gibt zwei Lösungen ABC' (bzw. AC'B) und AC'''B (bzw. ABC), die nicht kongruent sind.

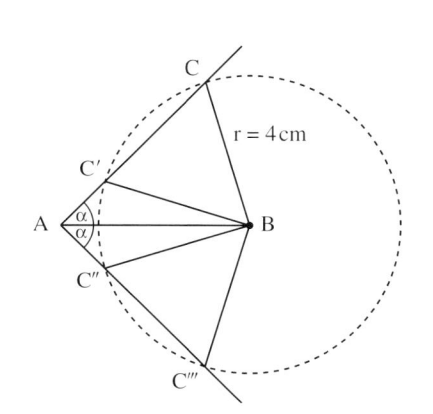

43

Geometrische Konstruktion und Kongruenz

4 Umkreis eines Dreiecks

Für jedes Dreieck gilt:
Die Mittelsenkrechten der drei Dreiecksseiten schneiden sich in einem Punkt U.

Dieser Punkt U hat von allen drei Ecken des Dreiecks den gleichen Abstand, er ist der **Umkreismittelpunkt** des Dreiecks.

Der Kreis mit Mittelpunkt U, auf dem alle drei Ecken des Dreiecks liegen, heißt **Umkreis des Dreiecks**.

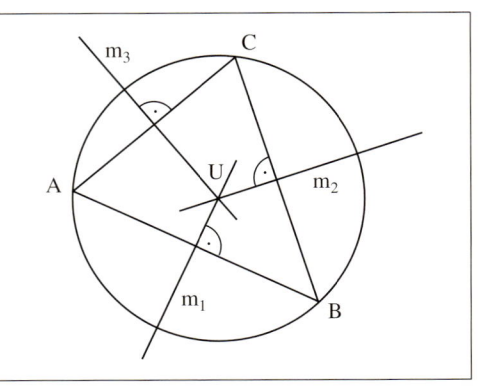

Zur Erinnerung:
Alle Punkte, die von zwei Punkten P und Q den gleichen Abstand haben, liegen auf der Mittelsenkrechten der Strecke $\overline{PQ}$.

Beispiel 1
Zeichne ein spitzwinkliges (rechtwinkliges, stumpfwinkliges) Dreieck und konstruiere den Umkreis. Wo liegt der Umkreismittelpunkt?
Lösung:
Konstruiere in dem jeweiligen Dreieck die Mittelsenkrechten zweier Seiten. Ihr Schnittpunkt ist der Umkreismittelpunkt. Der Abstand des Umkreismittelpunktes von einer Ecke ist der Radius.

spitzwinkliges Dreieck   rechtwinkliges Dreieck   stumpfwinkliges Dreieck

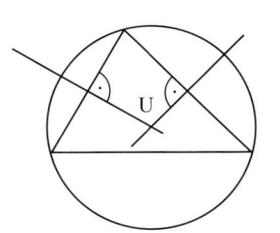

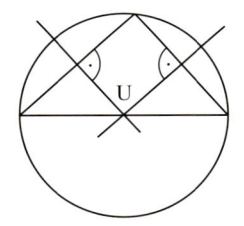

U liegt im Dreieck.   U liegt auf einer Dreiecksseite.   U liegt außerhalb des Dreiecks.

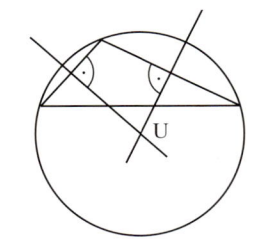

Beispiel 2
Konstruiere ein Dreieck ABC mit:
c = 3 cm, β = 30° und dem Umkreisradius
r = 2,5 cm.
Beschreibung der Konstruktion:
1. Zeichne den Umkreis mit r = 2,5 cm.
2. Wähle A auf der Kreislinie.
3. Zeichne einen Kreis mit dem Mittelpunkt A und dem Radius 3 cm.
4. Die beiden Kreise schneiden sich in den Punkten B und B′.
5. Trage bei B den Winkel β an $\overline{AB}$ (bzw. bei B′ den Winkel β′ an $\overline{A'B'}$) an.
6. Der andere Schenkel von β (β′) schneidet den Umkreis im Punkt C (C′).

Konstruktion:

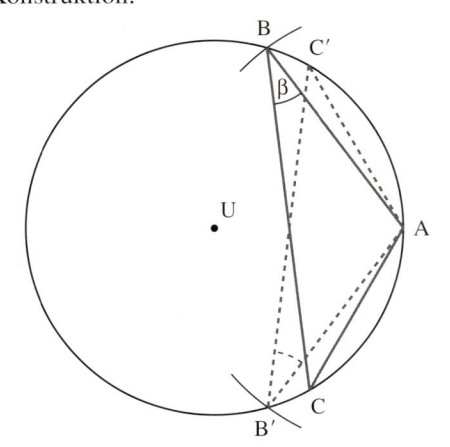

44

5 Inkreis eines Dreiecks

Zur Erinnerung:
Alle Punkte, die von den beiden Schenkeln eines Winkels den gleichen Abstand haben, liegen auf der Winkelhalbierenden dieses Winkels.

Für jedes Dreieck gilt:
Die Winkelhalbierenden der drei Dreieckswinkel schneiden sich in einem Punkt I.

Dieser Punkt I hat von allen drei Seiten des Dreiecks den gleichen Abstand, er ist der **Inkreismittelpunkt**.

Der Kreis mit Mittelpunkt I, der alle drei Seiten des Dreiecks berührt, heißt **Inkreis des Dreiecks**.

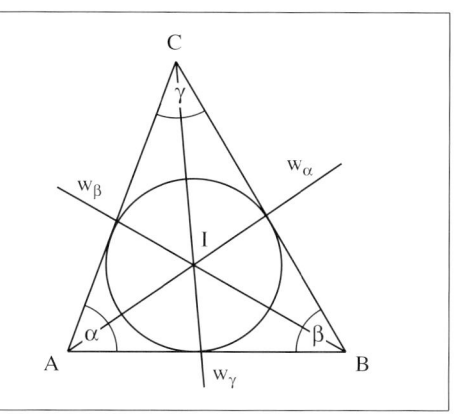

Beispiel 1
Konstruiere den Inkreis des Dreiecks ABC.
Beschreibung der Konstruktion:
1. Konstruiere die Winkelhalbierende des Winkels α.
2. Konstruiere die Winkelhalbierende des Winkels β.
3. Der Schnittpunkt I dieser Winkelhalbierenden ist der Inkreismittelpunkt des Dreiecks ABC.
4. Der Abstand des Punktes I von einer Dreiecksseite ist der Radius des Inkreises.

Konstruktion:

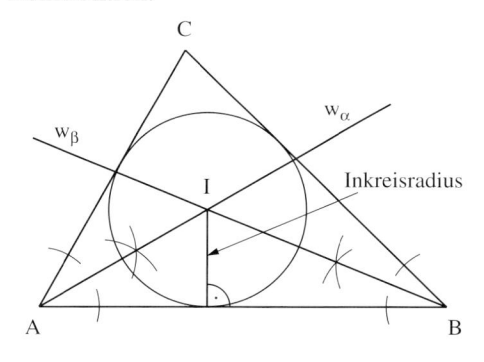

Beispiel 2
Konstruiere ein Dreieck mit c = 4 cm, w_α = 2 cm und α = 50°.
Beschreibung der Konstruktion:
1. Zeichne die Seite c mit c = 4 cm.
2. Trage bei A den Winkel α mit α = 50° an c an.
(Zwei Möglichkeiten!)
3. Konstruiere w_α mit w_α = 2 cm.
Der zweite Endpunkt von w_α sei D.
4. Der Schnittpunkt des zweiten Schenkels von α und der Geraden BD ist C.

Konstruktion:

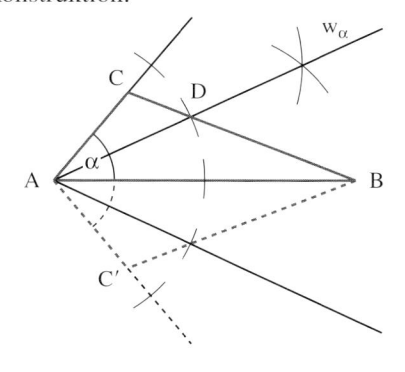

Zu Beispiel 3:
In einem gleichseitigen Dreieck fallen die Winkelhalbierenden und die Mittelsenkrechten zusammen.

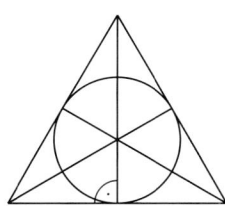

Beispiel 3
Konstruiere Umkreis und Inkreis eines gleichseitigen Dreiecks.
Kurzbeschreibung der Konstruktion:
1. Konstruiere das Dreieck.
2. Konstruiere zwei Mittelsenkrechten.
3. Zeichne den Umkreis.
4. Der Abstand des Umkreismittelpunktes von einer Seite ist der Inkreisradius.

Geometrische Konstruktion und Kongruenz

6 Höhen und Seitenhalbierende im Dreieck

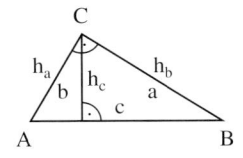

Höhen in einem rechtwinkligen Dreieck.

In jedem Dreieck gibt es drei **Höhen**. Jede Höhe ist die senkrechte Verbindungsstrecke einer Ecke mit der ihr gegenüberliegenden Seite (oder deren Verlängerung).

In jedem Dreieck schneiden sich die Höhen (oder deren Verlängerungen) in einem Punkt.

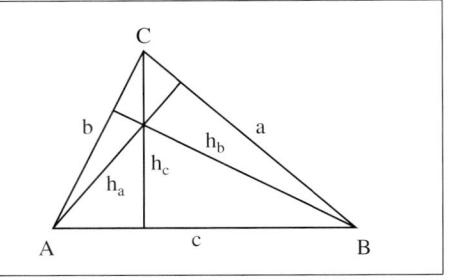

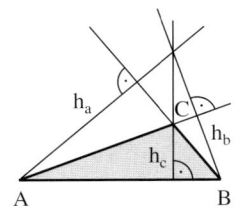

Höhen in einem stumpfwinkligen Dreieck. Der Schnittpunkt liegt außerhalb des Dreiecks.

Beispiel 1
Konstruiere ein Dreieck ABC mit
$c = 5\,cm$, $\alpha = 50°$ und $h_c = 2\,cm$.
Beschreibung der Konstruktion:
1. Zeichne die Seite c mit $c = 5\,cm$.
2. Trage bei A den Winkel α mit $\alpha = 50°$ an c an. (Zwei Möglichkeiten!)
3. Konstruiere die Parallele zu c, die von c den Abstand 2 cm besitzt und den zweiten Schenkel von α schneidet.
4. Der Schnittpunkt ist C.

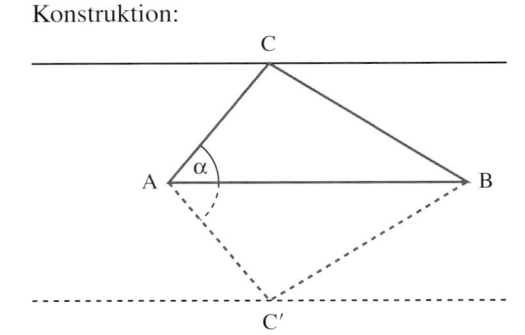

Konstruktion:

In jedem Dreieck gibt es drei **Seitenhalbierende**. Jede Seitenhalbierende ist die Verbindungsstrecke einer Seitenmitte mit der ihr gegenüberliegenden Ecke.
In jedem Dreieck schneiden sich die Seitenhalbierenden in einem Punkt. Dieser Punkt teilt jede Seitenhalbierende in zwei Teilstrecken, von denen eine doppelt so lang ist wie die andere.

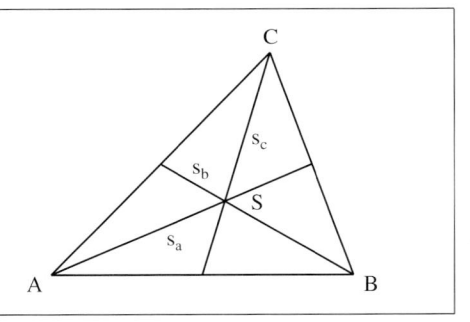

Beispiel 2
Konstruiere ein Dreieck mit
$a = 2,4\,cm$, $b = 2\,cm$ und $s_a = 2,6\,cm$.
Beschreibung der Konstruktion:
1. Zeichne die Seite b mit $b = 2\,cm$.
2. Zeichne einen Kreis k_1 mit dem Mittelpunkt C und dem Radius $r_1 = \frac{a}{2} = 1,2\,cm$.
3. Zeichne einen Kreis k_2 mit dem Mittelpunkt A und dem Radius $r_2 = s_a = 2,6\,cm$.
4. Die beiden Kreise schneiden sich in den Punkten M_a und M_a'.
5. Verlängere die Strecke $\overline{CM_a}$ (bzw. $\overline{CM_a'}$) über M_a (bzw. M_a') hinaus um $\frac{a}{2} = 1,2\,cm$. Der neue Endpunkt ist B (bzw. B').

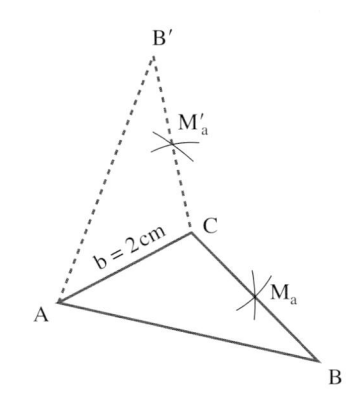

Konstruktion:

7 Achsensymmetrische Dreiecke

Ein achsensymmetrisches Dreieck besitzt mindestens zwei gleichlange Seiten. Dreiecke mit mindestens zwei gleichlangen Seiten nennt man **gleichschenklig**; die beiden gleichlangen Seiten heißen **Schenkel**. Achsensymmetrische Dreiecke sind gleichschenklige Dreiecke.
Bei einem achsensymmetrischen Dreieck ist die Symmetrieachse gleichzeitig die Mittelsenkrechte der Basis und die Winkelhalbierende des Winkels an der Spitze.

Bezeichnungen an einem gleichschenkligen Dreieck:

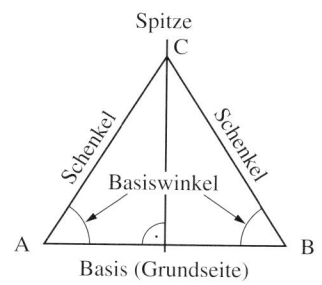

Achsensymmetrische Dreiecke sind gleichschenklig.
Gleichschenklige Dreiecke sind achsensymmetrisch, ihre **Basiswinkel** sind gleich groß.

Beispiel 1
Zeichne ein gleichschenkliges Dreieck ABC mit folgenden Eigenschaften:
Die Basis $\overline{AB}$ ist 2,5 cm lang.
Die Basiswinkel sind 45° groß.

Lösung:

Ein Dreieck mit drei gleichlangen Seiten heißt **gleichseitig**.
Gleichseitige Dreiecke besitzen drei Symmetrieachsen.
In einem gleichseitigen Dreieck sind alle Winkel gleich groß, nämlich 60° groß.
Bei einem gleichseitigen Dreieck fallen die Seitenhalbierende, die Höhe, die Mittelsenkrechte einer Seite und die Winkelhalbierende des gegenüberliegenden Winkels zusammen.

Beispiel 2
Konstruiere ein gleichseitiges Dreieck mit Inkreisradius r = 1,5 cm.
Beschreibung der Konstruktion:
1. Zeichne die Strecke $\overline{IM_c}$ mit $\overline{IM_c}$ = 1,5 cm.
2. Trage bei I den Winkel ε = 60° an.
3. Zeichne eine Senkrechte in M_c zu $\overline{IM_c}$. Diese Senkrechte schneidet den Schenkel des Winkels ε in A.
4. Der Spiegelpunkt von A an $\overline{IM_c}$ ist B.
5. Zeichne um A und B Kreise mit dem Radius $\overline{IM_c}$. Die Schnittpunkte der Kreise sind die Punkte C und C'.

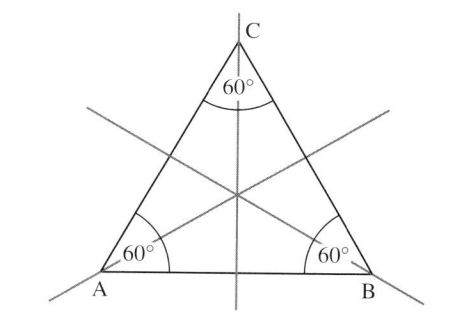

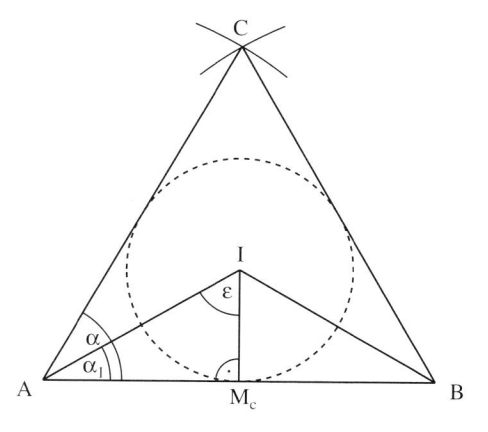

Zu Beispiel 2:
Die Strecke $\overline{AI}$ liegt auf der Winkelhalbierenden des Winkels α. Dieser ist 60° groß, weil das Dreieck gleichseitig ist und daher α = β = γ = 60°. Der Winkel $α_1$ ist daher 30° groß. Nach dem Winkelsummensatz gilt:
$α_1$ + ε + 90° = 180°, also gilt ε = 60°.

Geometrische Konstruktion und Kongruenz

8 Symmetrische Vierecke

Vierecke mit zwei Symmetrieachsen:

Das Rechteck
Die beiden Mittellinien der Rechteckseiten sind Symmetrieachsen des Vierecks.

Die Raute
Die beiden Diagonalen sind Symmetrieachsen des Vierecks.

Zur Erinnerung:
Bei einem Viereck nennt man die Verbindungsstrecken der Mittelpunkte gegenüberliegender Seiten **Mittellinien**.

Mittellinien und Diagonalen sind Strecken. Manchmal sagt man aber auch zu den Geraden, auf denen diese Strecken liegen, Mittellinien bzw. Diagonalen.

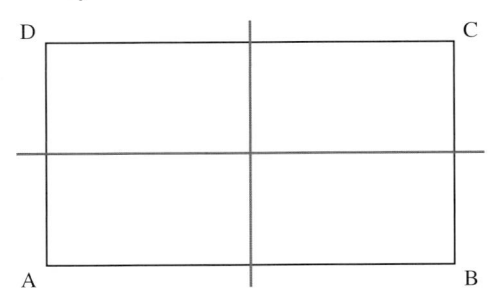

Eigenschaften des Rechtecks:
(1) Die vier Winkel sind alle 90° groß.
(2) Gegenüberliegende Seiten sind gleich lang.
(3) Alle Seiten werden von den Symmetrieachsen halbiert.
(4) Die Mittellinien sind zueinander senkrecht und halbieren sich.

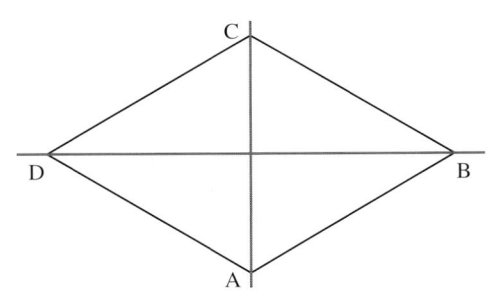

Eigenschaften der Raute:
(1) Die vier Seiten sind gleich lang.
(2) Gegenüberliegende Winkel sind gleich groß.
(3) Alle Winkel werden von den Symmetrieachsen halbiert.
(4) Die Diagonalen sind zueinander senkrecht und halbieren sich.

Vierecke mit einer Symmetrieachse:

Das gleichschenklige Trapez
Die Mittellinie der zueinander parallelen Seiten ist Symmetrieachse des Vierecks.

Der Drachen
Eine Diagonale ist Symmetrieachse des Vierecks.

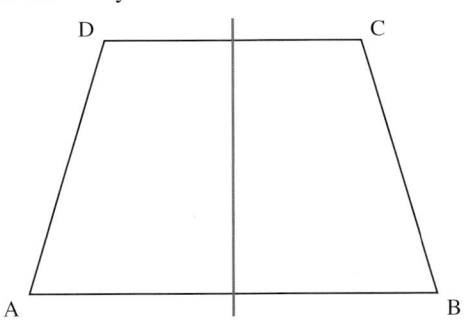

Eigenschaften des gleichschenkligen Trapezes:
(1) Es gibt zwei Paare gleich großer benachbarter Winkel.
(2) Es gibt zwei gleich lange gegenüberliegende Seiten, die **Schenkel**.
(3) Die Symmetrieachse halbiert zwei gegenüberliegende Seiten.
(4) Die Diagonalen sind gleich lang.

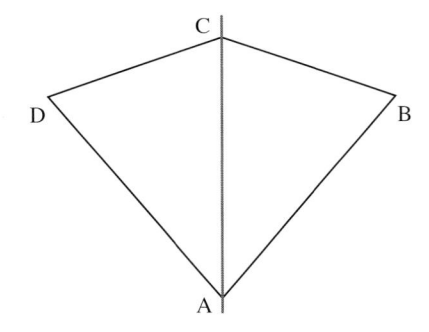

Eigenschaften des Drachens:
(1) Es gibt zwei Paare gleich langer benachbarter Seiten.
(2) Es gibt zwei gleich große gegenüberliegende Winkel.
(3) Die Symmetrieachse halbiert zwei gegenüberliegende Winkel.
(4) Die Diagonalen sind zueinander senkrecht.

48

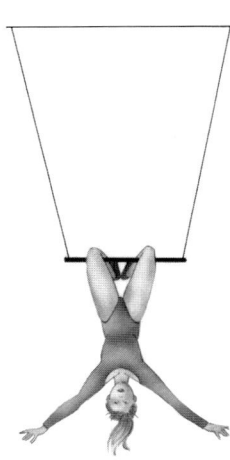

Jedes punktsymmetrische Viereck ist ein Parallelogramm.

Jedes Parallelogramm ist punktsymmetrisch zum Schnittpunkt der Diagonalen.

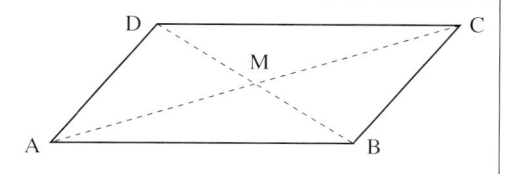

Eigenschaften von Parallelogrammen:
Gegenüberliegende Seiten sind gleich lang und gegenüberliegende Winkel sind gleich groß. Die Diagonalen halbieren sich.

Besondere Parallelogramme:

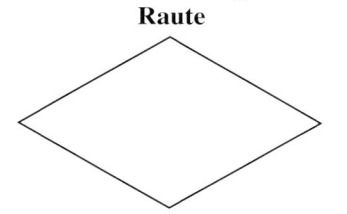

Raute

Vier gleich lange Seiten.

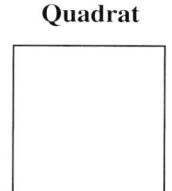

Quadrat

Vier gleich lange Seiten und vier rechte Winkel.

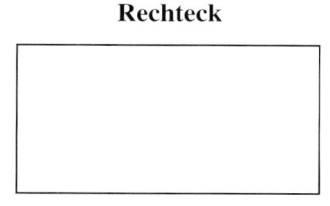

Rechteck

Vier rechte Winkel.

Beispiel 1
Konstruiere eine Raute ABCD, bei der jede Seite 2,5 cm lang ist, und deren Diagonale $\overline{AC}$ 4,5 cm lang ist.
Beschreibung der Konstruktion:
Die Raute ist symmetrisch zu jeder der beiden Diagonalen.
1. Zeichne die Strecke $\overline{AC}$ mit $\overline{AC}$ = 4,5 cm.
2. Zeichne einen Kreis um A und einen Kreis um C jeweils mit dem Radius 2,5 cm.
3. Die Schnittpunkte der beiden Kreise sind B und D.

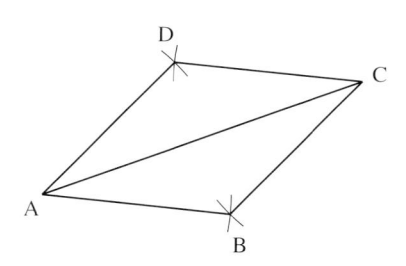

Beispiel 2
Konstruiere einen Drachen ABCD mit $\overline{AB}$ = 3,5 cm; $\overline{BC}$ = 2,5 cm und β = 120°.
Beschreibung der Konstruktion:
Dieser Drachen ist achsensymmetrisch zu der Geraden AC. Konstruiere das Teildreieck ABC und spiegle es an der Geraden AC.
1. Zeichne die Strecke $\overline{AB}$ mit $\overline{AB}$ = 3,5 cm.
2. Trage an B den Winkel β mit β = 120° an.
3. Zeichne einen Kreis um B mit dem Radius $\overline{BC}$ = 2,5 cm.
4. Der Kreis schneidet den zweiten Schenkel des Winkels β im Punkt C.
5. Spiegle das Dreieck ABC an der Geraden AC.
6. Der Bildpunkt von B ist der Punkt D.

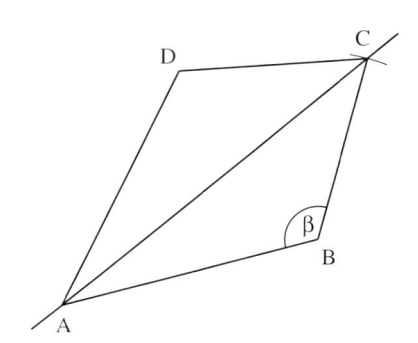

IX Figuren am Kreis

1 Kreis, Tangente und Satz des Thales

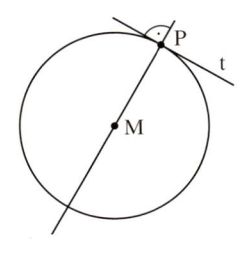

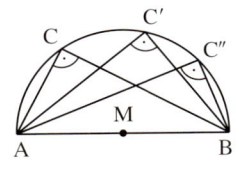

Kreis und Tangente
Betrachtet werden ein Kreis mit Mittelpunkt M und eine Gerade t, die einen gemeinsamen Punkt P haben.
1. Wenn der Kreisradius $\overline{MP}$ senkrecht zur Geraden t ist, dann ist t Tangente des Kreises.
2. Wenn die Gerade t eine Tangente des Kreises ist, dann ist der Radius $\overline{MP}$ senkrecht zur Geraden t.

Satz des Thales
Wenn bei einem Dreieck ABC die Ecke C auf dem Kreis mit dem Durchmesser AB liegt, dann hat das Dreieck bei C einen rechten Winkel.

Auch die Umkehrung dieses Satzes ist eine wahre Aussage:
Wenn ein Dreieck ABC bei C einen rechten Winkel hat, dann liegt C auf dem Kreis mit dem Durchmesser $\overline{AB}$, dem Thaleskreis über $\overline{AB}$.

Beispiel 1
Konstruiere ein Dreieck ABC mit $\overline{AB} = 4\,cm$, $\alpha = 40°$ und $\gamma = 90°$.
Beschreibung der Konstruktion:
1. Zeichne die Strecke $\overline{AB}$ mit $\overline{AB} = 4\,cm$.
2. Zeichne den Thaleskreis über $\overline{AB}$.
3. Trage bei A den Winkel $\alpha = 40°$ an die Strecke $\overline{AB}$ an (zwei Möglichkeiten).
4. Der Schnittpunkt des Thaleskreises mit dem zweiten Schenkel von α ist C (C′).

Beispiel 2
Zeichne einen Kreis mit dem Mittelpunkt M und dem Radius $r = 2\,cm$. Zeichne einen Punkt P außerhalb des Kreises. Konstruiere die Tangenten des Kreises, die durch P gehen.
Beschreibung der Konstruktion:
Jede der beiden Tangenten ist zu dem entsprechenden Radius im Berührpunkt senkrecht; die Berührpunkte liegen deshalb auf dem Thaleskreis über $\overline{PM}$.
1. Zeichne den Kreis mit dem Mittelpunkt M und dem Radius $r = 2\,cm$ sowie einen Punkt P außerhalb des Kreises.
2. Zeichne den Thaleskreis über $\overline{PM}$.
3. Der Thaleskreis schneidet den Kreis um M in den Punkten B_1 und B_2.
4. Die Geraden PB_1 und PB_2 sind die Tangenten.

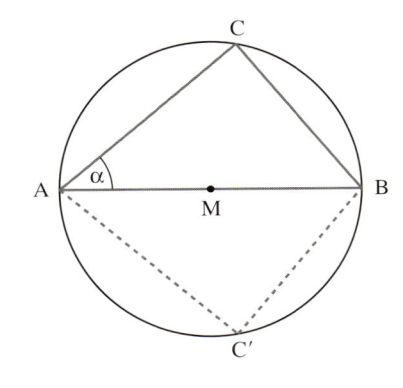

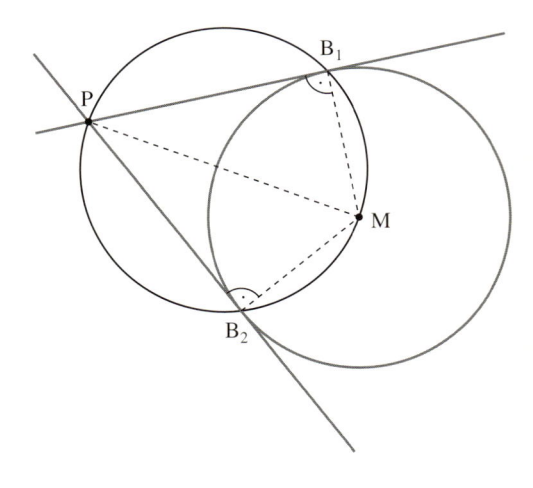

Konstruktion:

Figuren am Kreis

2 Umfangswinkel und Mittelpunktswinkel

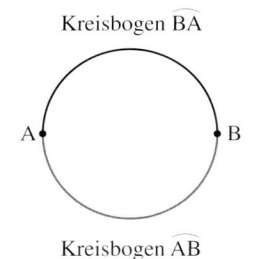

Kreisbogen $\overset{\frown}{BA}$

Kreisbogen $\overset{\frown}{AB}$

Wenn M der Mittelpunkt und $\overset{\frown}{AB}$ ein Bogen eines Kreises ist, dann heißt der Winkel ∢ AMB **Mittelpunktswinkel α über dem Bogen $\overset{\frown}{AB}$**.

Wenn die Punkte A, B und C auf einem Kreis liegen und C nicht zu dem Bogen $\overset{\frown}{AB}$ gehört, dann heißt der Winkel ∢ ACB **Umfangswinkel β über dem Kreisbogen $\overset{\frown}{AB}$**.

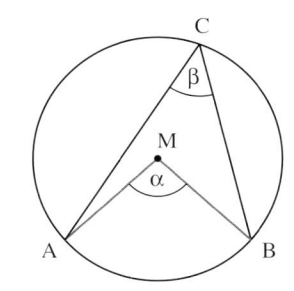

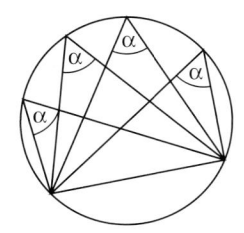

Satz vom Mittelpunktswinkel:
Jeder Umfangswinkel über einem Kreisbogen ist halb so groß wie der Mittelpunktswinkel über demselben Kreisbogen.
Satz vom Umfangswinkel:
Alle Umfangswinkel über demselben Kreisbogen sind gleich groß.

Die Sätze vom Umfangswinkel und vom Mittelpunktswinkel sind Verallgemeinerungen des Satzes von Thales.

Beispiel
Konstruiere einen Kreisbogen $\overset{\frown}{PQ}$, dessen Umfangswinkel 60° groß sind, mit $\overline{PQ}$ = 5,6 cm.
Beschreibung der Konstruktion:
Der Mittelpunkt des Kreisbogens soll M heißen. Der Mittelpunktswinkel ist 2·60° = 120° groß. Das Dreieck PQM ist gleichschenklig und seine Basiswinkel sind 30° groß.
1. Zeichne die Strecke $\overline{PQ}$.
2. Trage bei P und Q jeweils einen 30° großen Winkel an $\overline{PQ}$ an.
3. Die freien Schenkel der Winkel schneiden sich im Punkt M.
4. Zeichne den Kreisbogen $\overset{\frown}{PQ}$ mit dem Mittelpunkt und den Radius $\overline{MP}$.
Statt die Basiswinkel auszurechnen kann man auch so vorgehen:
1. Zeichne die Strecke $\overline{PQ}$.
2. Zeichne die Mittelsenkrechte von $\overline{PQ}$.
3. Trage an einem Punkt R der Mittelsenkrechten einen 60° großen Winkel an.
4. Verschiebe den Winkel parallel zur Mittelsenkrechten, bis sein zweiter Schenkel durch Q geht; der Scheitel des verschobenen Winkels ist der Mittelpunkt M.

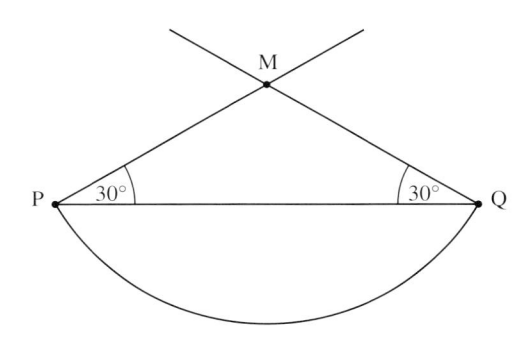

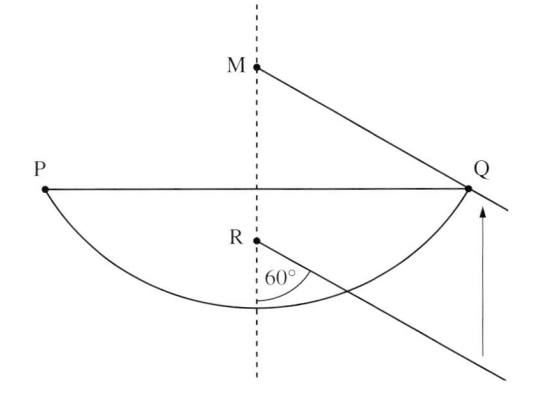

Konstruktion:

X Flächeninhalte

1 Flächeninhalte von Parallelogrammen

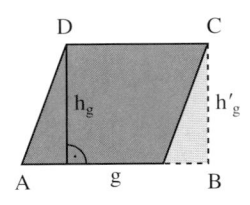

Jede senkrechte Verbindungslinie einer Seite eines Parallelogramms (oder ihrer Verlängerung) mit der ihr gegenüberliegenden Seite ist eine **zu dieser Seite gehörende Höhe**.
Die Länge einer Höhe ist gleich dem Abstand der beiden gegenüberliegenden parallelen Seiten.

Formel für den Flächeninhalt A eines Parallelogramms:
$A = g \cdot h_g$
g: Grundseite
h_g: die zu g gehörende Höhe h

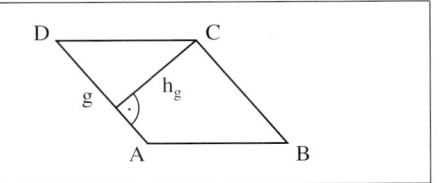

Achte beim Berechnen des Flächeninhaltes auf gleiche Maßeinheiten.

Beispiel 1
Berechne den Flächeninhalt eines Parallelogramms mit $b = 0{,}8\,\text{dm}$; $h_b = 3{,}8\,\text{cm}$.
Lösung:
Gegeben: $b = 0{,}8\,\text{dm} = 8\,\text{cm}$
$h_b = 3{,}8\,\text{cm}$
Gesucht: A
Formel: $A = g \cdot h_g = b \cdot h_b$
Einsetzen in die Formel:
$A = 8\,\text{cm} \cdot 3{,}8\,\text{cm} = 30{,}4\,\text{cm}^2$

Beispiel 2
Berechne die Höhe h_a eines Parallelogramms mit $a = 3{,}5\,\text{cm}$; $A = 16{,}1\,\text{cm}^2$.
Lösung:
Gegeben: $a = 3{,}5\,\text{cm}$
$A = 16{,}1\,\text{cm}^2$
Gesucht: h_a
Formel: $A = a \cdot h_a$; $h_a = \frac{A}{a}$
Einsetzen in die Formel:
$h_a = \frac{16{,}1\,\text{cm}^2}{3{,}5\,\text{cm}} = 4{,}6\,\text{cm}$

Beispiel 3
Gegeben ist das Paralellogramm mit
A(2|1), B(7|2), C(7|5) und D(2|4).
a) Zeichne das Parallelogramm in ein Koordinatensystem (1 LE = 1 cm).
b) Bestimme den Flächeninhalt des Parallelogramms.
Lösung:
Die Länge von $\overline{AD}$ und der zugehörigen Höhe sind gut ablesbar.
b) $g = \overline{AD} = 3\,\text{cm}$; $h = 5\,\text{cm}$;
$A = 3\,\text{cm} \cdot 5\,\text{cm} = 15\,\text{cm}^2$

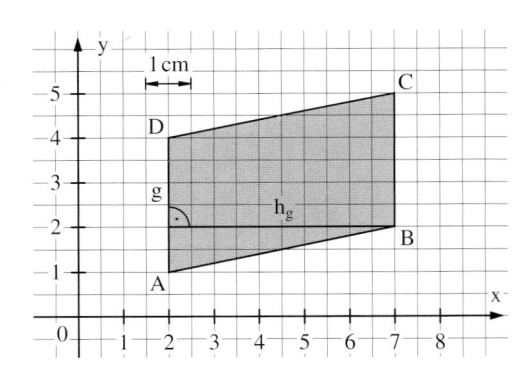

Beispiel 4
Gegeben ist ein Rechteck ABCD mit den Seitenlängen $\overline{AB} = 4\,\text{cm}$ und $\overline{BC} = 3\,\text{cm}$.
Konstruiere ein dazu flächengleiches Parallelogramm ABC_1D_1 mit $\overline{BC_1} = 3{,}5\,\text{cm}$.
Lösung:
1. Zeichne das Rechteck ABCD.
2. Verlängere die Strecke $\overline{DC}$.
3. Zeichne einen Kreis um B mit r = 3,5 cm.
4. Einer der beiden Schnittpunkte mit der Geraden DC ist C'.
5. Zeichne eine Parallele zu $\overline{BC_1}$ durch A.
Der Schnittpunkt mit DC ist D'.

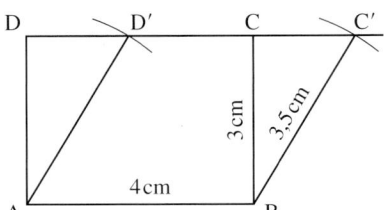

*Beachte:
Parallelogramme, die in einer Seite und der zugehörigen Höhe übereinstimmen, haben gleichen Flächeninhalt.*

52

2 Flächeninhalte von Dreiecken

Formel für den Flächeninhalt A
eines Dreiecks:
$A = \frac{1}{2} \cdot g \cdot h_g$
g: Grundseite
h_g: die zu g gehörige Höhe h

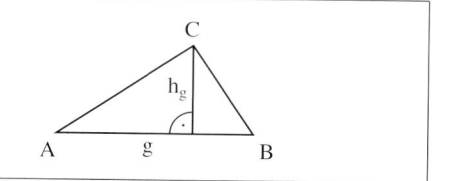

Beachte: Dreiecke, die in einer Seite und der zugehörigen Höhe übereinstimmen, haben den gleichen Flächeninhalt.

Beispiel 1
Berechne den Flächeninhalt des Dreiecks ABC auf drei verschiedene Weisen, indem du jede Seite einmal als Grundseite des Dreiecks wählst.

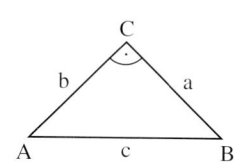

Durch Messen und Runden können ungenaue Angaben der Seitenlängen oder Höhen entstehen. Sie führen zu unterschiedlichen Ergebnissen bei der Berechnung von A.

Lösung:
1. $A = \frac{1}{2} a \cdot h_a$
   $A = \frac{1}{2} \cdot 4,6\,cm \cdot 3,8\,cm \approx 8,7\,cm^2$
2. $A = \frac{1}{2} c \cdot h_c$
   $A = \frac{1}{2} \cdot 5 \cdot 3,5\,cm \approx 8,8\,cm^2$
3. $A = \frac{1}{2} b \cdot h_b$
   $A = \frac{1}{2} \cdot 4\,cm \cdot 4,4\,cm = 8,8\,cm^2$

Beispiel 2
Berechne die Flächeninhalte der Dreiecke mit den Eckpunkten
a) A(1|1,5), B(3,5|3,5), C(1|5,5)
b) P(5|1,5), Q(8,5|1,5), R(8,5|6)
(1 LE = 1 cm), indem du jeweils die Grundseite und die Höhe geschickt wählst.

Beachte: Beim rechtwinkligen Dreieck ist der Flächeninhalt $A = \frac{1}{2} a \cdot b$, wobei a und b die am rechten Winkel anliegenden Seiten sind.

Lösung:
a) $\overline{AC} = 4\,cm$; $h_b = 2,5\,cm$; $A = 5\,cm^2$
b) $\overline{PQ} = 3,5\,cm$; $h_r = \overline{QR} = 4,5\,cm$;
   $A = 7,875\,cm^2 \approx 7,9\,cm^2$

Beispiel 3
Gegeben ist ein Dreieck ABC mit Flächeninhalt $A = 84\,cm^2$ und $c = 14\,cm$. Berechne die zugehörige Höhe h_c.
Lösung:
Gegeben: $A = 84\,cm^2$; $c = 14\,cm$
Gesucht: h_c
Formel: $A = \frac{1}{2} c \cdot h_c$; $h_c = \frac{2A}{c}$
Einsetzen in die Formel:
$h_c = (2 \cdot 84\,cm^2) : 14\,cm = 12\,cm$.

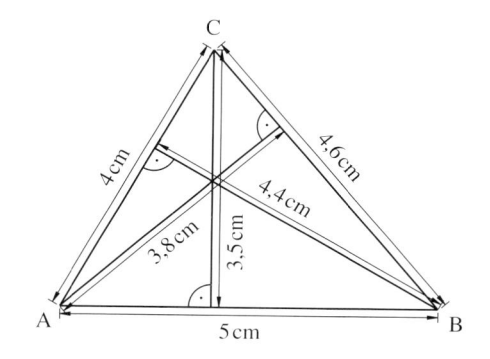

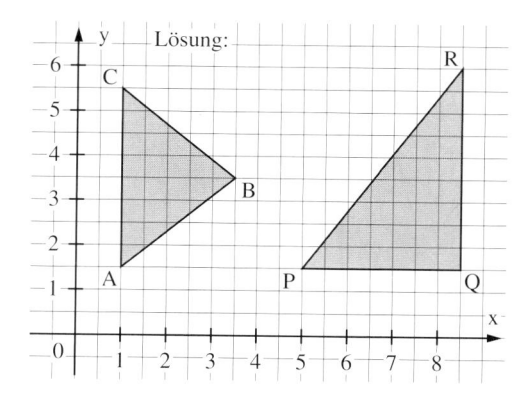

Beispiel 4
Gegeben ist ein Dreieck ABC mit Flächeninhalt $A = 18,9\,dm^2$ und $h_a = 54\,cm$. Berechne die zugehörige Seite a.
Lösung:
Gegeben: $A = 18,9\,dm^2$; $h_a = 54\,cm$
Gesucht: a
Formel: $A = \frac{1}{2} \cdot a \cdot h_a$; $a = \frac{2A}{h_a}$
Einsetzen in die Formel:
$a = (2 \cdot 18,9\,dm^2) : 5,4\,dm = 7\,dm$.

Flächeninhalte

3 Flächeninhalt von Trapezen

Die Mittellinie in einem Trapez mit den parallelen Seiten a und c hat die Länge $\frac{1}{2} \cdot (a + c)$.

Ein Viereck mit mindestens zwei zueinander parallelen Seiten nennt man ein **Trapez**. Jede senkrechte Verbindungslinie zweier gegenüberliegender paralleler Seiten ist eine **Höhe des Trapezes**, ihre Länge ist gleich dem Abstand dieser parallelen Seiten. Die beiden anderen Seiten sind die **Schenkel des Trapezes**. Die Strecke, die zu zwei parallelen Seiten des Trapezes den gleichen Abstand hat und deren Endpunkte auf den Schenkeln des Trapezes liegen, ist die Mittellinie des **Trapezes**.

> Formel für den Flächeninhalt A eines Trapezes:
> $A = \frac{1}{2}(a + c) \cdot h = m \cdot h$
> a, c: parallele Seiten des Trapezes
> m: Mittellinie   h: Höhe

Beispiel 1
Gegeben sind die folgenden Stücke eines Trapezes mit $a \parallel c$.
Berechne den Flächeninhalt des Trapezes.
$a = 7{,}3\,cm;\ c = 1{,}2\,dm\ und\ h = 5{,}9\,cm$

Achte auf die gleichen Maßeinheiten beim Rechnen!

Lösung:
$A = \frac{1}{2} \cdot (a + c) \cdot h = \frac{1}{2} \cdot (7{,}3\,cm + 12\,cm) \cdot 5{,}9\,cm \approx 56{,}94\,cm^2$

Beispiel 2
Berechne bei einem Trapez mit den parallelen Seiten a und c, der Mittellinie m, der Höhe h und dem Flächeninhalt A jeweils die fehlenden Größen.
a) $a = 6{,}5\,cm;\ c = 10\,cm\ und\ A = 50\,cm^2$.
b) $a = 5{,}2\,cm;\ m = 7{,}4\,cm\ und\ h = 6{,}2\,cm$.

Lösung:

a) Gegeben: $a = 6{,}5\,cm;\ c = 10\,cm$
$\qquad\qquad A = 50\,cm^2$
Gesucht: m, h
Formel: $m = \frac{1}{2}(a + c)$
Einsetzen: $m = \frac{1}{2}(6{,}5\,cm + 10\,cm) = 8{,}25\,cm$
Formel: $A = m \cdot h;\ h = A : m$
Einsetzen: $h = 50\,cm^2 : 8{,}25\,cm$
$\qquad\qquad h \approx 6{,}1\,cm$

b) Gegeben: $a = 5{,}2\,cm;\ m = 7{,}4\,cm$
$\qquad\qquad h = 6{,}2\,cm$
Gesucht: c, A
Formel: $m = \frac{1}{2}(c + a)$
Auflösen nach c: $c = 2m - a$
Einsetzen: $c = 2 \cdot 7{,}4\,cm - 5{,}2\,cm = 9{,}6\,cm$
Formel: $A = m \cdot h$
Einsetzen: $A = 7{,}4\,cm \cdot 6{,}2\,cm$
$\qquad\qquad A = 45{,}88\,cm^2$

Beispiel 3
Gegeben ist das Trapez durch seine Eckpunkte: $A(3|1),\ B(6|1),\ C(8|4),\ D(0|4)$.
a) Zeichne das Trapez in ein Koordinatensystem (1 LE = 1 cm).
b) Bestimme den Flächeninhalt des Trapezes.

Lösung:
b) $a = 3\,cm;\ c = 8\,cm;\ h = 3\,cm;$
$A = \frac{1}{2} \cdot (3 + 8) \cdot 3\,cm^2 = 16{,}5\,cm^2$

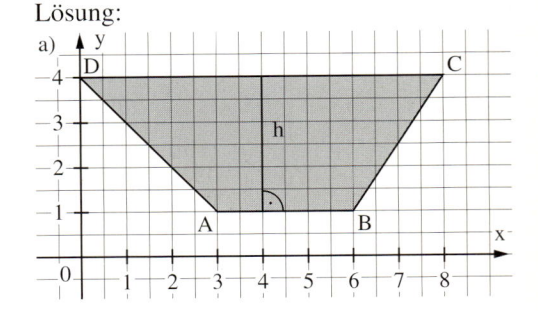

XI Wahrscheinlichkeitsrechnung

1 Zufallsexperiment und Wahrscheinlichkeit

> Ein Experiment, bei dem man das Ergebnis nicht sicher vorhersagen kann, nennt man ein **Zufallsexperiment**.
> Zur Beschreibung eines Zufallsexperimentes gehört die Angabe aller möglichen Ergebnisse. Man fasst sie zusammen zur **Ergebnismenge S**.

> Bei einem Zufallsexperiment kann man die relativen Häufigkeiten der einzelnen Ergebnisse durch Angabe von **Wahrscheinlichkeiten** schätzen.
> Die Summe der Wahrscheinlichkeiten aller Ergebnisse der Ergebnismenge muss dabei 1 (= 100 %) betragen.

Beispiel 1
Der abgebildete „Lego-Achter" wurde 1500-mal wie ein Würfel geworfen, wobei jeder Seite des „Legosteins" eine Zahl zugeordnet wurde. Dabei ergab sich folgende Tabelle:

Augenzahl	1	2	3	4	5	6
absolute Häufigkeit	175	20	675	465	17	148
relative Häufigkeit	$\frac{175}{1500} \approx 11{,}6\%$	$\frac{20}{1500} \approx 1{,}3\%$	$\frac{675}{1500} \approx 45{,}0\%$	$\frac{465}{1500} \approx 31\%$	$\frac{17}{1500} \approx 1{,}1\%$	$\frac{148}{1500} \approx 9{,}9\%$

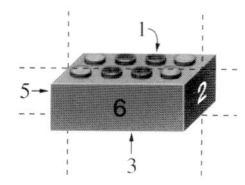

Gib geeignete Wahrscheinlichkeiten an.
Lösung 1:

Augenzahl	1	2	3	4	5	6
Wahrsch.	12 %	1 %	45 %	31 %	1 %	10 %

Lösung 2:

Augenzahl	1	2	3	4	5	6
Wahrsch.	11 %	1 %	45 %	31 %	1 %	11 %

Die Wahrscheinlichkeiten müssen so gewählt werden, dass die relativen Häufigkeiten in ihrer Nähe liegen und ihre Summe gleich 1 bzw. 100 % ist (Lösung 1).
Bei Lösung 2 wurde zusätzlich die Symmetrie des Lego-Steins berücksichtigt.
Wie genau diese Schätzungen sind, kann nur mit sehr vielen weiteren Experimenten überprüft werden.

> Es gibt Experimente, bei denen man annehmen kann, dass alle Ereignisse eines Zufallsversuchs gleich wahrscheinlich sind. Bei n Ergebnissen beträgt die Wahrscheinlichkeit jedes Ergebnisses $\frac{1}{n}$. Man spricht in solchen Fällen von einer **Laplace-Annahme** und von **Laplace-Wahrscheinlichkeiten**.

Beispiel 2
Welche Wahrscheinlichkeit hat die Zahl „6" bei den beiden Glücksrädern?
Man kann das Experiment als Laplace-Experiment auffassen und annehmen, dass alle Zahlen von 1 bis 8 bzw. von 1 bis 12 mit gleicher Wahrscheinlichkeit auftreten.
Lösung:
a) Wahrscheinlichkeit für „6": $\frac{1}{8} = 12{,}5\%$
b) Wahrscheinlichkeit für „6": $\frac{1}{12} \approx 8{,}3\%$

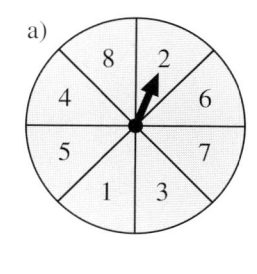

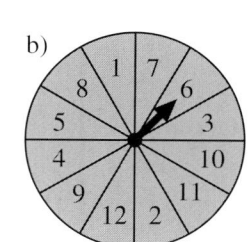

2 Summenregel – Wahrscheinlichkeit von Ereignissen

Eine Zusammenfassung (Menge) von Ergebnissen eines Zufallsexperiments nennt man ein **Ereignis**. Man sagt: „Das Ereignis E ist eingetreten", wenn das Zufallsexperiment ein zu E gehörendes Ergebnis hat.
Besondere Ereignisse:
Das Werfen eines Spielwürfels hat die Ergebnismenge {1, 2, 3, 4, 5, 6}.
Tritt ein Ereignis E immer ein, z. B. „Augenzahl kleiner als 7", so spricht man von einem **sicheren Ereignis**. Ein Ereignis, das nicht eintreten kann, z. B. „Augenzahl mindestens 7", nennt man ein **unmögliches Ereignis**. Es gilt E = { }.
Zu dem Ereignis „Augenzahl mindestens 5", also E = {5, 6}, bilden alle Ergebnisse, die nicht zu E gehören, das Gegenereignis $\overline{E}$ = {1, 2, 3, 4}.

> **Summenregel:** Die Wahrscheinlichkeit eines Ereignisses erhält man, indem man die einzelnen Wahrscheinlichkeiten der zugehörigen Ergebnisse addiert.
> Spezialfall für **Laplace-Wahrscheinlichkeiten**: Die Wahrscheinlichkeit eines Ereignisses erhält man, indem man die Anzahl der zugehörigen Ergebnisse („günstige Ergebnisse") durch die Gesamtzahl aller möglichen Ergebnisse dividiert.
>
> $$\text{Wahrscheinlichkeit} = \frac{\text{Anzahl der günstigen Ergebnisse}}{\text{Anzahl der möglichen Ergebnisse}}$$

Beispiel 1
In einer Tüte sind 50 hellblaue, 80 dunkelblaue, 30 gelbe und 60 rote Schokolinsen. Wie groß ist die Wahrscheinlichkeit, dass man

a) eine hellblaue b) eine blaue c) keine gelbe Linse zieht?

Insgesamt sind 220 Linsen in der Tüte. Wir machen die Laplace-Annahme, dass jede Linse mit der Wahrscheinlichkeit $\frac{1}{220}$ gezogen wird.
Lösung:
a) Wahrscheinlichkeit für hellblau: $\frac{50}{220} \approx 22{,}7\,\%$
b) Wahrscheinlichkeit für dunkelblau: $\frac{80}{220} \approx 36{,}4\,\%$; für blau $\frac{50}{220} + \frac{80}{220} \approx 59{,}1\,\%$
c) Wahrscheinlichkeit für nicht gelb: $\frac{50}{220} + \frac{80}{220} + \frac{60}{220} \approx 86{,}4\,\%$
Bei c) liefert die Rechnung $1 - \frac{30}{220}$ das gleiche Ergebnis.

Beispiel 2
Es werden vier Münzen gleichzeitig oder hintereinander geworfen.
Wie groß ist die Wahrscheinlichkeit, dass genau drei Münzen Kopf zeigen?

Wenn wir die Münzen voneinander unterscheiden, gibt es 16 gleich wahrscheinliche Ergebnisse, 4 sind „günstig".

KKKK	(KKKZ)	(KKZK)	KKZZ
(KZKK)	KZKZ	KZZK	KZZZ
(ZKKK)	ZKKZ	ZKZK	ZKZZ
ZZKK	ZZKZ	ZZZK	ZZZZ

Lösung:
Die Wahrscheinlichkeit ist $\frac{4}{16} = 0{,}25$.

Beispiel 3
Ein Lego-Achter wird geworfen. Bestimme mit den in der Tabelle gegebenen Wahrscheinlichkeiten P(„mindestens 3").

Lego-Achter:

1	2	3	4	5	6
11 %	1,5 %	45 %	30 %	1,5 %	11 %

Lösung:
P(„mindestens 3") = P({3, 4, 5, 6}) = 45 % + 30 % + 1,5 % + 11 % = 87,5 %

Wahrscheinlichkeitsrechnung

3 Baumdiagramm und Pfadregel

Wenn man einen Zufallsversuch mehrmals hintereinander ausführt oder mehrere Zufallsversuche hintereinander ausführt, so kann man die Ergebnisse übersichtlich mit einem Baum darstellen. Jedem Ergebnis entspricht ein Weg (**ein Pfad**) durch das Baumdiagramm.

In der Wahrscheinlichkeitsrechnung nennt man Gefäße, aus denen man z. B. Kugeln zieht, Urnen. Als Urnen kann man Kisten, Tüten, Beutel, Socken, Schüsseln und vieles Andere benutzen.

Beispiel 1

a) In einer Urne liegen vier Kugeln mit den Buchstaben A, L, K, O. Zwei Kugeln werden gezogen, die Buchstaben werden in der gezogenen Reihenfolge zu einem „Wort" zusammengelegt. Welche Ergebnisse kann dieser Zufallsversuch haben?
Zeichne einen Baum und eine Tabelle. 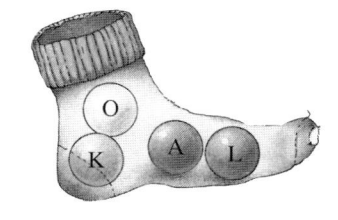
Wie man an dem Baum oder der Tabelle erkennt, können 12 Wörter entstehen.
Lösung:

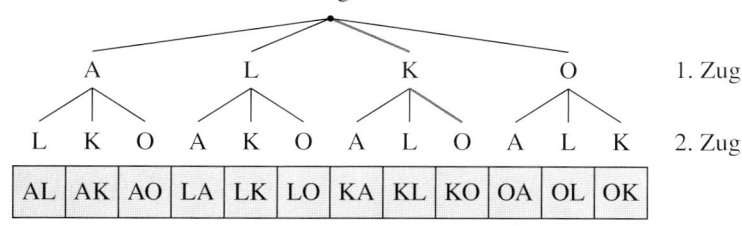

		2. Zug			
		A	L	K	O
1. Zug	A	--	AL	AK	AO
	L	LA	--	LK	LO
	K	KA	KL	--	KO
	O	OA	OL	OK	--

b) Wie groß ist die Wahrscheinlichkeit dafür, dass „KO" gezogen wird?
Lösung:
„KO" hat die Wahrscheinlichkeit $\frac{1}{4} \cdot \frac{1}{3} = \frac{1}{12} \approx 8{,}3\,\%$.

Pfadregel: Die Wahrscheinlichkeit eines Pfades erhält man, indem man die Wahrscheinlichkeiten längs des Pfades multipliziert.

Beispiel 2

Beim Basketball trifft Magret mit der Wahrscheinlichkeit 40 %, Wim mit 70 %.
Sie werfen nacheinander.
a) Wie groß ist die Wahrscheinlichkeit, dass Magret trifft und Wim nicht trifft?
b) Wie groß ist die Wahrscheinlichkeit, dass sie zusammen 0, 1, oder 2 Treffer erhalten? 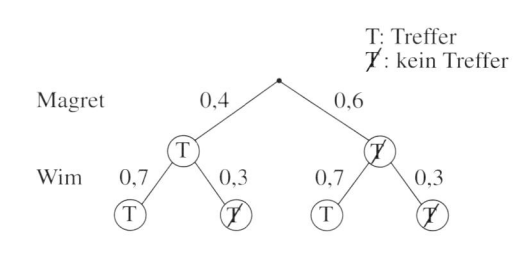
Lösung:
a) *Zum Ergebnis „Magret trifft und Wim trifft nicht" gehört der linke Pfad im Baum.*
Wahrscheinlichkeit für „Magret trifft und Wim trifft nicht": $0{,}4 \cdot 0{,}3 = 0{,}12$.
b) *Im mehrstufigen Baumdiagramm gehören zur Trefferzahl 1 zwei Pfade. Wegen der Summenregel müssen diese addiert werden.*
0 Treffer: $0{,}6 \cdot 0{,}3 = 0{,}18$; 1 Treffer: $0{,}4 \cdot 0{,}3 + 0{,}6 \cdot 0{,}7 = 0{,}12 + 0{,}42 = 0{,}54$;
2 Treffer: $0{,}4 \cdot 0{,}7 = 0{,}28$.

Wahrscheinlichkeitsrechnung

Beispiel 3
Doro hat in einen Korb mit 6 gekochten Eiern 4 rohe dazugelegt. Ihre Schwester nimmt für das Frühstück 3 Eier heraus. Wie groß ist die Wahrscheinlichkeit, dass mindestens ein rohes Ei dabei ist?

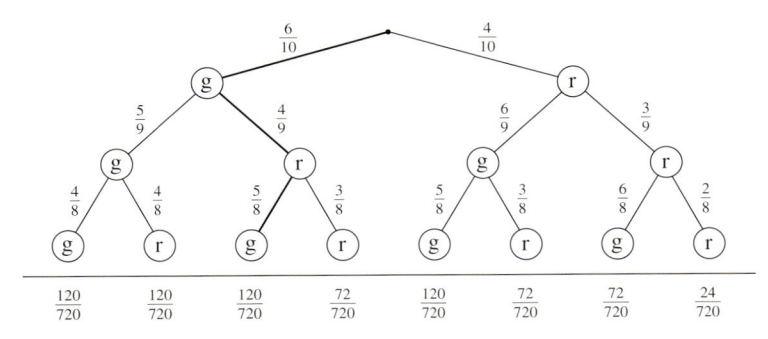

*In dem dreistufigen Baum bedeuten „g"
„gekocht" und „r" „roh".
Der Pfad „grg" hat die Wahrscheinlichkeit
$\frac{6}{10} \cdot \frac{4}{9} \cdot \frac{5}{8} = \frac{120}{720}$:
Zuerst sind 6 der Eier gekocht, beim zweiten Zug 4 der 9 verbleibenden roh, beim letzten Zug sind von den 8 restlichen Eiern 5 gekocht. Die Wahrscheinlichkeit der übrigen Pfade sind im Baum angegeben.*

Lösung:
Die Wahrscheinlichkeit für mindestens ein rohes Ei:
$\frac{120}{720} + \frac{120}{720} + \frac{72}{720} + \frac{120}{720} + \frac{72}{720} + \frac{72}{720} + \frac{24}{720} = \frac{600}{720} = \frac{5}{6} \approx 83,3\,\%$

Man kann auch die Wahrscheinlichkeit des einzigen Pfades „ggg", bei dem man kein rohes Ei erwischt, von 1 subtrahieren: $1 - \frac{120}{720} = \frac{600}{720}$.

Bemerkung: Mitunter braucht man nur einzelne Pfade oder Teile von Bäumen zu zeichnen, um gesuchte Wahrscheinlichkeiten zu ermitteln.

Beispiel 4
In einem Beutel sind Kugeln mit Buchstaben gemischt. Man zieht nacheinander drei Kugeln und legt sie in der gezogenen Reihenfolge hintereinander. Wie groß ist die Wahrscheinlichkeit, dass dabei das Wort PAP entsteht?
Während des „Ziehens ohne Zurücklegen" ändern sich die Anteile der einzelnen Buchstaben und damit die Wahrscheinlichkeiten längs des Pfades.
Lösung:
Wahrscheinlichkeit für PAP: $\frac{4}{14} \cdot \frac{6}{13} \cdot \frac{3}{12} = \frac{3}{91} \approx 3,3\,\%$.

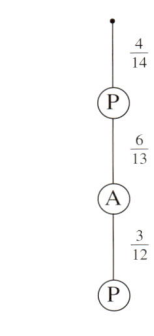

Beispiel 5
Wie groß ist die Wahrscheinlichkeit des Wortes PAP, wenn man die drei gezogenen Buchstaben noch umordnen darf?
*Nun sind drei Pfade brauchbar: PAP, PPA, APP. Alle diese Pfade haben die gleiche Wahrscheinlichkeit $\frac{3}{91}$.
Die gesuchte Wahrscheinlichkeit ergibt sich nach der Summenregel.*
Lösung:
Wahrscheinlichkeit: $\frac{3}{91} + \frac{3}{91} + \frac{3}{91} = \frac{9}{91} \approx 9,9\,\%$.

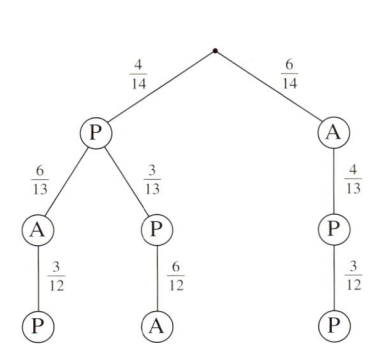

Register

Abstand
–, zu zwei parallelen Geraden   36
Achsenabschnitt   19
Achsenkreuz   4
Achsenspiegelung   41
achsensymmetrisch   47, 48
Addieren rationaler Zahlen   6, 8
Additionsverfahren   33
Anordnung   5
antiproportional   18, 21
Äquivalenzumformung   26
Assoziativgesetz der Addition   8
Ausklammern   8
Ausmultiplizieren   8
Außenwinkel   39

Basis   47
Basiswinkel   47
Baum   57
Baumdiagramm   57
Betrag   5
Berührpunkt   50
Binomische Formeln   13
Bruchgleichung   28
Bruchterme   14, 15
–, erweitern   14
–, mit gleichen Nennern   15
–, mit verschiedenen Nennern   15
–, kürzen   14
Bruchungleichung   30

Definitionsmenge
–, von Bruchtermen   14
–, der Funktion   16
Diagonale   48, 49
Differenzen vereinfachen   11
Distributivgesetz   8
Dividieren
–, rationaler Zahlen   7
–, von Bruchtermen   15
Drachen   48, 49
Drehung   41
Dreieck   39, 41, 42, 43, 44, 45, 46, 53
–, achsensymmetrisches   47
–, gleichschenkliges   47
–, gleichseitiges   47

–, rechtwinkliges   39
–, spitzwinkliges   39
–, stumpfwinkliges   39
Dreiecksungleichung   41
Dreisatz   21
Dreisatzschema   24

Einsetzungsverfahren   32
Ereignis   56
–, sicheres   56
–, unmögliches   56
Ergebnis   55, 56, 57
Ergebnismenge   55

Faktor   13
Figur   35, 50
Fläche   52
Flächeninhalt   52, 53
–, eines Dreiecks   53
–, eines Parallelogramms   52
–, eines Trapezes   54
Formvariablen   27
Funktionen   16
–, antiproportionale   18, 21
–, lineare   19
–, proportionale   17, 21
Funktionswert   17

Gegenzahl   4, 6
Gerade   36, 37, 38, 49
–, zueinander parallele   36
Gewinnumformung   28
Gleichsetzungsverfahren   32
Gleichung   26, 31, 32, 33
–, lineare   31
–, mit Formvariablen   27
Gleichungssystem
–, lineares   31
Graph   16, 17, 19
Grundmenge   26
Grundseite   47, 53
Grundwert   23, 24

Häufigkeit
–, absolute   24
–, relative   24
Hauptnenner   28

Höhe
–, eines Dreiecks   46, 53
–, eines Parallelogramms   52
–, eines Trapezes   54
Hyperbel   18

Inkreis
–, des Dreiecks   45
Inkreismittelpunkt   45
Innenwinkel   39

Jahreszinsen   25

Kapital   25
Klammerregeln   8, 11
Kommutativgesetz der Addition   8
kongruent   41, 42, 43
Kongruenz   41
Kongruenzabbildung   41
Kongruenzsatz
–, für Dreiecke (sss)   42
–, für Dreiecke (Ssw)   43
–, für Dreiecke (sws)   42
–, für Dreiecke (wsw bzw. sww)   43
Koordinatensystem   16
Kreis   50
Kreisbogen   51
Kreisradius   51

Laplace   55
–, -Annahme   55
–, -Wahrscheinlichkeit   55
Lösung
–, eines linearen Gleichungssystems   26, 31
Lösungsmenge   26, 31, 33

Mittellinie eines Trapezes   54
Mittelparallele   36
Mittelpunkt   40, 51
Mittelpunktswinkel   40, 51
Mittelsenkrechte   35, 44, 45
Multiplizieren
–, mit dem Hauptnenner   28
–, rationaler Zahlen   7
–, von Bruchtermen   15
–, von Summen   12

59

Nebenwinkel 37
Nenner 15

Parallele 36, 38
parallele Geraden 36, 38
Parallelogramm 36, 49, 52
Parameter 27
Pfad 57
Pfadregel 57
proportional 17, 21
Proportionalitätsfaktor 17
Prozent 23
Prozentsatz 23, 24, 25
Prozentwert 23, 25
punktsymmetrisch 49

Quadrat 49

ratio 4
Raute 48, 49
Rechteck 48, 49

Satz vom Mittelpunktswinkel 51
Satz vom Umfangswinkel 51
Satz des Thales 50
Scheitelwinkel 37
Schenkel
–, eines Dreiecks 47, 54
–, eines Trapezes 48, 54
Seitenhalbierende im Dreieck 46
sicheres Ereignis 56
Steigung
–, der Geraden 19
–, des Graphen 17
Steigungsdreieck 20
Strecke 35, 36, 49, 50
Stufenform 33
Stufenwinkel 38

Subtrahieren rationaler Zahlen 6
Summe 10, 12, 13
Summen vereinfachen 10
Summenregel 56
Symmetrieachse 35, 48
symmetrisches Viereck 48, 49

Tageszinsen 25
Tangente 50
Terme
–, äquivalente 10
–, mit einer Variablen 9
–, mit mehreren Variablen 9
–, vereinfachen 10
Termumformung 26
Thales
–, Satz des 50
Thaleskreis 50
Trapez 48, 54
–, gleichschenkliges 48

Umfangswinkel 51
Umkreis
–, eines Dreiecks 44
–, eines Vielecks 40
Umkreismittelpunkt 44
Ungleichungen
–, mit Formvariablen 27
unmögliches Ereignis 56

Variable 9, 31
Vergleich mit Null 29
Verschiebung 41
Vieleck 40
–, regelmäßiges 40
Viereck 40, 48, 49
Vorzeichen 4, 6, 7

Wahrscheinlichkeit 55, 56, 57, 58
–, Laplace- 55
–, von Ereignissen 56
Wahrscheinlichkeitsrechnung 55
Wechselwinkel 38
Winkel 35, 37, 38, 48, 49, 51
–, gestreckt 37
–, rechtwinklig 39
–, spitz 39
–, stumpf 39
Winkelhalbierende 35, 45
Winkelsummensatz
–, für Dreiecke 39
–, für Vielecke 40
–, für Vierecke 40

x-Achse 16

y-Achse 16
y-Achsenabschnitt eines Graphen 19

Zahlen
–, ganze 4
–, negative 4
–, nicht-negative 4
–, positive 4
–, rationale 4, 5, 6, 7, 8
Zahlengerade 4, 5
Zahlenstrahl 4
Zähler 15
Zerlegung von Summen 13
Zinsen 25
Zinssatz 25
Zufallsexperiment 55
Zuordnung 17, 21

...wenn in Mathe mal der Durchblick fehlt

Wer kennt das nicht? Vor einiger Zeit noch alles gewusst – und jetzt wie weggeblasen! Da ist der „Lambacher-Schweizer Kompakt" genau das Richtige. Ein Nachschlagewerk mit den Formeln und Merksätzen, die du brauchst, um im Matheunterricht voll durchzublicken. Zusätzlich gibt es zu jedem Thema Beispiele mit vollständigen Lösungen. Hinweise helfen, den aktuellen schnell aufzufrischen und so die typischen Fehler zu vermeiden. Damit du nicht zu viel Zeit mit Suchen vergeudest, gibt es am Ende eines jeden Buches ein ausführliches Register.

Lambacher-Schweizer Kompakt
Zusammengestellt von H. Schermuly

Klasse 5/6: Klettbuch 730715

Klasse 7/8: Klettbuch 730735

Klasse 9/10: Klettbuch 730755

Ernst Klett Verlag, Postfach 10 60 16, 70049 Stuttgart

Gute Vorbereitung für einen guten Abschluss

Mathematik-Abitur 1997-2002

Von K. Arzt, M. Selinka und J. Stark.

„Mathematik-Abitur" ist mehr als eine reine Aufgabensammlung – es hilft dir optimal bei der Prüfungsvorbereitung. Aufgabe und Lösung folgen unmittelbar hintereinander. Vor der eigentlichen Lösung gibt es hilfreiche Tipps. Sind mehrere Lösungen möglich, werden alle gezeigt. Im Inhaltsverzeichnis gibt es eine Kurzcharakteristik von jeder Aufgabe: Welche Inhalte, Funktionstypen, Verfahren usw. treten in der jeweiligen Aufgabe auf? Im Stichwortregister findest du, in welcher Aufgabe ein bestimmter Sachverhalt vorkommt. Die neueste Ausgabe enthält alle in Baden-Württemberg gestellten schriftlichen Abituraufgaben der Jahre 1997-2002.

Grundkurs: Klettbuch 72565

Leistungskurs: Klettbuch 72566

Formelsammlung Gymnasium
Für die Sekundarstufe I und II

Von H. Sieber

Die Formelsammlung wurde von uns überarbeitet und enthält gegenüber den früheren Ausgaben eine ausführlichere Darstellung der linearen Gleichungssysteme und des Matrizenrechnens.

Klettbuch 71801

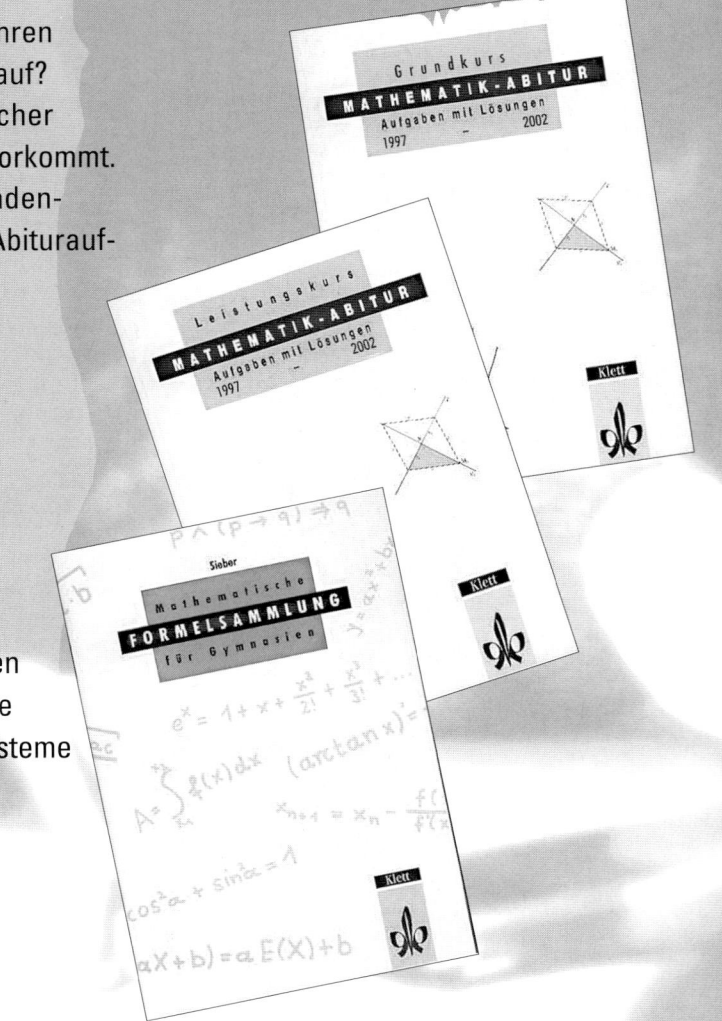

Keine Angst vor Klassenarbeiten!

Lambacher-Schweizer Klassenarbeiten

Von Heinz Peisch

Mit diesen Trainingheften kannst du dich optimal auf die Mathearbeit vorbereiten. Die Klassenarbeiten im Heft sind genau nach der Themenfolge und den Abschnitten des Lambacher-Schweizer Schülerbandes geordnet. Zu jedem Thema liegen drei Aufgabenblätter mit Lösungen vor. Die Aufgaben sind nach Schwierigkeitsgrad geordnet und die Lösungen so ausführlich, dass du jeden einzelnen Rechenschritt überprüfen kannst.

Klasse 5/6: Klettbuch 731355
Klasse 7: Klettbuch 731375
Klasse 8: Klettbuch 731385
Klasse 9: Klettbuch 731575
Klasse 10: Klettbuch 731675

Ernst Klett Verlag, Postfach 10 60 16, 70049 Stuttgart